中国地质大学（武汉）实验教学系列教材
中国地质大学（武汉）实验技术研究经费资助

数控技术实习指导书

SHUKONG JISHU SHIXI ZHIDAOSHU

主　编　张伟民
副主编　丁腾飞　徐　凯　程　鹏　冯超伟

图书在版编目(CIP)数据

数控技术实习指导书/张伟民主编. —武汉:中国地质大学出版社,2022.5
中国地质大学(武汉)实验教学系列教材

ISBN 978-7-5625-5254-3

Ⅰ.①数…
Ⅱ.①张…
Ⅲ.①数控技术-实验-高等学校-教材
Ⅳ.①TP273-33

中国版本图书馆 CIP 数据核字(2022)第 077944 号

数控技术实习指导书	张伟民 主编
责任编辑:舒立霞	责任校对:徐蕾蕾

出版发行:中国地质大学出版社(武汉市洪山区鲁磨路388号)	邮编:430074
电 话:(027)67883511 传 真:(027)67883580	E-mail:cbb@cug.edu.cn
经 销:全国新华书店	http://cugp.cug.edu.cn
开本:787 毫米×1092 毫米 1/16	字数:243 千字 印张:9.5
版次:2022 年 5 月第 1 版	印次:2022 年 5 月第 1 次印刷
印刷:湖北睿智印务有限公司	
ISBN 978-7-5625-5254-3	定价:26.00 元

如有印装质量问题请与印刷厂联系调换

中国地质大学(武汉)实验教学系列教材编委会名单

主　　　任：王　华

副　主　任：徐四平　周建伟

编委会委员：(以姓氏笔画顺序)

　　　　　　文国军　公衍生　孙自永　孙文沛
　　　　　　朱红涛　毕克成　刘　芳　刘良辉
　　　　　　肖建忠　陈　刚　吴　柯　杨　喆
　　　　　　吴元保　张光勇　郝　亮　龚　健
　　　　　　童恒建　窦　斌　熊永华　潘　雄

选题策划：毕克成　张晓红　王凤林

目 录

第1章 数控加工基础 …………………………………………………………… (1)
1.1 数控机床 ……………………………………………………………………… (1)
1.2 数控编程 ……………………………………………………………………… (9)
1.3 实习报告 ……………………………………………………………………… (28)

第2章 数控车削 ………………………………………………………………… (30)
2.1 数控车床 ……………………………………………………………………… (30)
2.2 数控车床的操作基础 ………………………………………………………… (33)
2.3 准备功能 G 代码 ……………………………………………………………… (40)
2.4 数控车床操作规程 …………………………………………………………… (61)
2.5 实习报告 ……………………………………………………………………… (62)

第3章 数控铣削 ………………………………………………………………… (65)
3.1 数控铣床加工 ………………………………………………………………… (65)
3.2 加工中心加工 ………………………………………………………………… (91)
3.3 数控雕刻 ……………………………………………………………………… (100)
3.4 实习报告 ……………………………………………………………………… (108)

第4章 Mastercam 基本操作 …………………………………………………… (111)
4.1 Mastercam 简介 ……………………………………………………………… (111)
4.2 Mastercam 的启动和退出 …………………………………………………… (112)
4.3 Mastercam 的操作界面 ……………………………………………………… (113)
4.4 Mastercam 的基本操作 ……………………………………………………… (115)
4.5 物体选择 ……………………………………………………………………… (126)
4.6 Mastercam 的次功能菜单 …………………………………………………… (130)
4.7 Mastercam 的文件管理 ……………………………………………………… (134)
4.8 CAM 编程基础 ………………………………………………………………… (137)

主要参考文献 ……………………………………………………………………… (143)

第1章 数控加工基础

自1952年世界上第一台数控机床问世到如今的约70年中,数控技术发展迅猛,给制造业带来了巨大变化。数控技术的发展水平是一个国家整体工业技术发展水平的重要体现。

数控技术(numerical control technology,NC)是指利用数字化信息对设备的工作过程进行自动控制的一种技术。数控技术的典型应用就是数控机床(numerical control machine tools)。实现数字控制的装置为数控系统,现代数控系统都是以计算机为核心的,也可称为CNC(computer numerical control)系统。

与传统机械加工方法相比,数控加工具有如下特点:
(1)能加工具有复杂型面的工件。
(2)数控加工减少了加工辅助时间,工序集中,生产效率大大提高。
(3)减少工装,减少人为误差,加工精度高,质量稳定。
(4)数控加工工时可以精确估计,刀具和夹具可规范化管理,因而便于生产管理。
(5)数控操作者的劳动强度大大减轻,劳动条件得到极大改善。
(6)数控加工是现代集成制造系统的重要基础。

数控技术及其装备正在向如下方面蓬勃发展:
(1)更高切削速度、更高加工精度、更高可靠性。
(2)多轴联动加工和加工复合化。
(3)数控系统的智能化、开放式、网络化。

1.1 数控机床

1.1.1 数控机床的组成和分类

1.1.1.1 数控机床的基本组成

CNC机床一般由操作面板、CNC装置(或称CNC单元)、伺服单元、驱动装置(或称执行机构)、测量装置、可编程逻辑控制器及电器控制装置、机床本体等组成。除机床本体之外的部分称为计算机数控系统。

1. 操作面板

操作面板是操作人员与机床数控装置进行信息交流的工具,如操作命令的输入,加工程序的编辑、修改和调试,同时也以信号灯或数码管的方式,为操作人员显示数控系统和数控机床的状态信息,如坐标值、机床的工作状态、报警信号等。它是数控机床特有的部件。

2. CNC装置

CNC装置是CNC系统的核心,这一部分主要包括计算机系统(包括微处理器CPU、存储器、局部总线、外围逻辑电路等)、专用模块(如位置控制板、PLC接口板、通信接口板等)两大部分。其主要功能是对输入的加工程序进行相应的处理(如运动轨迹处理、机床输入输出处理等),然后输出控制命令到相应的执行部件(伺服单元、驱动装置和PLC等)。

3. 伺服单元、驱动装置和测量装置

该套装置包括主轴和进给伺服单元及其相应的驱动装置和电机(主轴电机和进给电机),有些还带有位置和速度测量装置,以实现闭环控制。其主要作用是保证灵敏而又准确地跟踪CNC装置的进给指令、PLC的主轴运动指令,以实现主轴的切削运动(速度控制)和进给轴的成形运动(速度和位置控制)。

4. 可编程逻辑控制器及电器控制装置

可编程逻辑控制器(programmable logic controller,PLC)主要用于控制机床顺序动作,完成与逻辑运算有关的一些控制。PLC接受CNC的控制代码M(辅助功能)、S(主轴转速)、T(选刀、换刀)等顺序动作信息,对其进行译码,转换成对应的控制信号,控制机床辅助装置完成机床相应的开关动作,如工件的装夹、刀具的更换、冷却液的开关等一些辅助动作;接受机床操作面板的指令,一方面直接控制机床的动作,另一方面将一部分指令送往CNC用于加工过程的控制。电器控制装置是指继电器、行程开关、电磁阀的电器以及由它们组成的逻辑电路。

5. 机床本体

机床是数控机床的主体,是实现制造加工的执行部件。它包括主运动部件、进给运动部件(工作台、拖板以及相应的传动机构)、支承体(立柱、床身等),以及特殊装置(刀具自动交换系统、工件自动交换系统)和辅助装置(如排屑装置等)。CNC机床由于切削用量大、连续加工时间长、发热量大等,所以其设计要求比普通机床更严格,制造要求更精密,因而采用了加强刚性、减少热变形、提高精度等措施。

1.1.1.2 数控机床的分类

数控机床的种类有很多种,通常按照以下几种方法进行分类。

1. 按加工工艺方法分类

(1)一般数控机床。如数控车床、数控铣床、数控钻床、数控镗床、数控磨床等,而且每一类又有很多品种,例如数控铣床有数控立铣、数控卧铣、数控工具铣及数控龙门铣等。

(2)数控加工中心。与一般数控机床相比,数控加工中心配置有一个刀库和自动换刀装置。典型的数控加工中心有镗铣加工中心和车削加工中心。

(3)多坐标数控机床。有些复杂形状的零件,例如舰船螺旋桨、飞机发动机叶片等用三坐标数控机床无法加工其曲面,于是出现了多坐标轴联动的数控机床,其特点是数控系统能同时控制的轴数较多,机床的机构也较复杂。坐标轴数的多少取决于加工零件的工艺要求。

(4)数控特种加工机床。数控特种加工机床包括数控电火花加工机床、数控线切割机床、数控激光切割机床等。

2. 按运动控制的方式分类

(1)点位控制的数控机床。点位控制的数控机床只要求获得准确的加工坐标点的位置,在移动过程中不进行加工,对两点间的移动速度和运动轨迹没有严格的要求,可以沿多个坐标同时移动,也可以沿各个坐标先后移动。为了减少移动时间和提高终点位置的定位精度,一般采取先快速移动,当接近终点位置时,再降速缓慢靠近终点的方式,以保证定位精度。采用点位控制的数控机床有数控钻床、数控坐标镗床、数控冲床和数控测量机等。

(2)点位直线控制的数控机床。点位直线控制的数控机床除了要求控制位移终点位置外,还能实现坐标轴的直线切削加工,并且可以设定直线加工的进给速度,因此,这类机床应具有主轴转速的选择与控制、切削速度与刀具的选择以及循环进给加工等辅助功能。这种控制方式常用于简易数控车床、数控镗铣床等。

(3)轮廓控制的数控机床。轮廓控制的数控机床能够对两个或两个以上的坐标轴同时进行控制,这类机床不仅能够控制机床移动部件的起点与终点坐标值,而且能够控制整个加工过程中每一点的速度与位移量。其数控装置一般要求具有直线和圆弧插补功能、主轴转速控制功能及较齐全的辅助功能。这类机床用于加工曲面、凸轮及叶片等复杂零件。轮廓控制的数控机床有数控铣床、车床、磨床和加工中心等。

3. 按进给伺服系统的特点分类

(1)开环控制的数控机床。开环控制的数控机床采用开环进给伺服系统,如图1-1所示是典型的开环控制系统的结构。这类控制系统没有位置检测元件,伺服驱动部件通常为反应式步进电动机或混合式伺服步进电动机。数控系统每发出一个进给指令脉冲,经驱动电路功率放大后,驱动步进电动机旋转一个角度,再经传动机构带动工作台移动。这类系统信息流是单向的,即进给脉冲发出以后,实际移动值不反馈回来,所以称这种控制为开环控制。受步进电动机的步距精度、工作频率以及传动精度影响,开环系统的速度和精度都较低,但由于开环控制结构简单、调试方便、容易维修、成本较低,仍被广泛应用于经济型数控机床上。

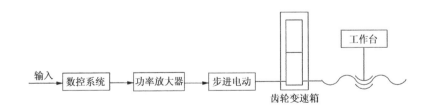

图1-1 开环控制系统的结构

(2)闭环控制的数控机床。这类控制系统带有直线位移检测元件和速度检测元件。直线位移检测元件直接对工作台实际位移量进行检测,将检测的信息反馈到数控系统中,与所要求的位置进行比较,用比较的差值进行控制,直到差值消除为止。可见,闭环控制系统可以消除机械传动部件的各种误差和零件加工过程中产生的干扰,从而使加工精度大大提高。闭环控制系统的结构如图 1-2 所示。

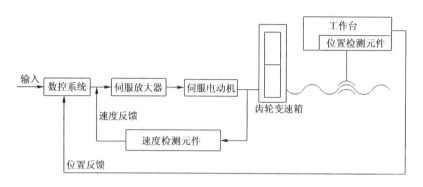

图 1-2　闭环控制系统的结构

闭环控制的特点是对机床结构的刚性、传动部件的间隙及导轨移动的灵敏性等都有严格的要求,所以调试、维修都较复杂,成本较高,一般适用于精度很高的数控机床,如超精度车床、超精度磨床、镗铣床、大型数控机床等。

(3)半闭环控制数控机床。这类机床不是直接测量工作台位移量,而是通过检测丝杆转角,间接测量工作台位移量,然后再反馈给数控装置。由于工作台位移没有完全包括在控制回路中,故称半闭环控制系统(图 1-3)。这种控制系统结构简单,安装、调试方便,控制特性比较稳定,但系统的精度没有闭环系统高。目前,大多数中小型数控机床广泛采用半闭环控制系统。

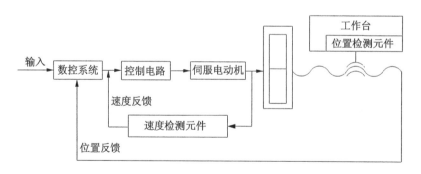

图 1-3　半闭环控制系统的结构

1.1.2　数控机床的工作原理

零件的轮廓形状是多种多样的,但大多数是由直线和圆弧组成,而特殊的曲线、曲面也可近似地用直线、圆弧和圆弧面来逼近处理,因而只要加工出直线和圆弧,就可以加工出所要求的各种曲线和曲面。数控系统的主要任务之一是控制执行机构按工件的轮廓轨迹运动。一般已知工件轮廓运动的起点坐标、终点坐标和轮廓轨迹的曲线方程,由数控系统计算出各个中间点的坐标,插入、补上运动轨迹中间点的坐标值,通常把这个过程称为"插补"。换言之,就是沿着规定的工件轮廓,在轮廓的起点和终点之间按一定的算法进行数据点的密化。插补经过输出运动轨迹中间点的坐标值,机床伺服系统根据此坐标值控制各坐标轴协调运动,走出预定轨迹。需要指出的是,刀具的运动轨迹是折线,而不是光滑的曲线。刀具不能严格地沿着要求的曲线运动,只能沿折线逼近所要加工的曲线。在加工平面上的直线、斜线、圆弧或其他曲线时,则由 X、Y 坐标方向运动来合成;如果它是空间斜线、曲面,则由 X、Y、Z 3 个坐标方向运动来合成。

数控机床工作时,数控装置每发出一个进给脉冲,工作台就移动一个相应的距离,这个距离称为脉冲当量。目前国产大型数控机床的脉冲当量一般为 0.01mm/脉冲,小型精密数控机床的脉冲当量为 0.005～0.001mm/脉冲。

数控机床上的每个坐标方向的拖板都是一步一步进给的,因此形成的运动轨迹都是折线,而需要加工的零件表面又多是光滑、连续的曲线或斜线,为了解决这一矛盾,可用加密的折线来插补所要加工的曲线。加工同样一段圆弧,折线线段大的,加工出来的圆弧误差就大;折线线段小的,逼近程度好,加工出来的圆弧误差就小,也就是说,数控系统的脉冲当量越小,加工精度越高。

下面介绍用逐点比较法加工直线和圆弧时的插补原理。

(1) 直线插补。如图 1-4 所示,机床在某一程序中要加工一条直线 OA,在数控机床加工中,是用阶梯形的折线来代替直线的,只要折线与直线的最大偏差不超过加工精度允许的范围,就可以把这些折线近似地认为是 OA 直线。规定:当加工点在 OA 直线上或在它的上方,该点的偏差值(指该点与 O 点连线的直线斜率与 OA 线斜率之差值)$F \geqslant 0$;若在直线的下方,该点的偏差值 $F < 0$。机床数控装置的逻辑功能,能够根据偏差值自动地判别走步。当 $F \geqslant 0$ 时,朝 +X 方向进给一步;当 $F < 0$ 时,朝 +Y 方向进给一步,每走一步就自动比较一下,边判别边走步,刀具按照折线 O—1—2—3—4 … A 顺序逼近 OA 直线,从 O 点起直到加工至 A 点为止。

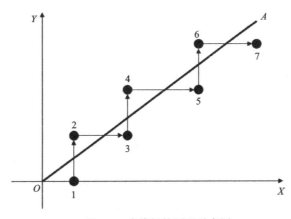

图 1-4 直线插补原理示意图

(2)圆弧插补。如图 1-5 所示,机床在某一程序中要加工半径为 R 的 AB 圆弧。其插补原理与直线插补原理相同。规定:当加工点在圆弧上或在圆弧的外侧,其偏差值(该点到原点 O 的距离与半径 R 的差值)$F \geqslant 0$;若该点在圆弧内侧,偏差值 $F < 0$。当 $F \geqslant 0$ 时,朝 $-X$ 方向进给一步;当 $F < 0$ 时,朝 $+Y$ 方向进给一步。刀具沿折线 $A—1—2—3—4 \cdots B$ 顺序逼近圆弧,从 A 点起加工到 B 点止。

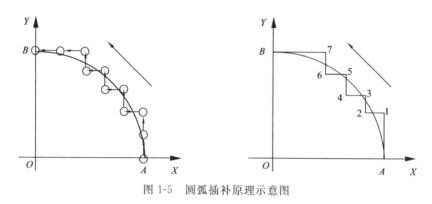

图 1-5 圆弧插补原理示意图

以上是以第一象限的直线和圆弧为例来讲插补原理的,当直线和圆弧处于其他象限时,只需相应改变进给方向,但其插补原理相同。当加工点从一个象限转到另一个象限时,数控装置可自动修改方向。

1.1.3 数控机床的坐标系

1.1.3.1 机床坐标系的命名与方向

所谓坐标轴,是指在机械装备中,具有位移(线位移或角位移)控制和速度控制功能的运动轴(也称坐标或轴),它有直线坐标轴和回转坐标轴之分。

为了简化编制程序的方法和保证程序的通用性,对数控机床的坐标和方向的命名制定了统一的标准,规定直线进给运动的坐标轴用 X、Y、Z 表示,常称基本坐标轴。X、Y、Z 坐标轴的相互关系用右手定则决定,如图 1-6(a)所示。图中大拇指的指向为 X 轴的正方向,食指指向为 Y 轴的正方向,中指指向为 Z 轴的正方向。

围绕 X、Y、Z 轴旋转的圆周进给坐标轴分别用 A、B、C 表示,根据右手螺旋定则,如图 1-6(b)所示,以大拇指指向 $+X$、$+Y$、$+Z$ 方向,则食指、中指等的指向是圆周进给运动的 $+A$、$+B$、$+C$ 方向。

如果在基本的直角坐标轴 X、Y、Z 之外,另有轴线平行于它们的坐标轴,则这些附加的直角坐标轴分别指定为 U、V、W 轴和 A、B、C 轴。这些附加坐标轴的运动方向,可按规定基本坐标轴运动方向的方法来决定。

数控机床的进给运动,有的由主轴带动刀具运动来实现,有的由工作台带动工件运动来实现。上述坐标轴正方向,是假定工件不动、刀具相对于工件作进给运动的方向。为了使所编制的加工程序在不同配置的机床上都能使用,ISO 标准规定:在编程中,坐标轴的方向总是刀具相对工件的运动方向,用 X、Y、Z、A、B、C 等表示。在实际应用中,对数控机床的坐标轴进行标注(不是编程)时,还可以根据坐标轴的实际运动情况,用工件相对刀具的运动方向进行标注,此时需要用加"'"的字母表示,工件运动的正方向恰好与刀具运动的正方向相反,即有:

$+X=-X', +Y=-Y', +Z=-Z', +A=-A', +B=-B', +C=-C'$

同样,两者运动的负方向也彼此相反。

这个规定方便了编程,使编程人员在不知道数控机床的具体布局的情况下,也能正确编程。

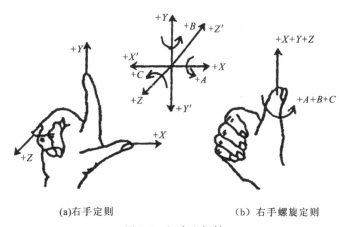

(a)右手定则　　　　　(b) 右手螺旋定则

图 1-6　机床坐标轴

1.1.3.2　机床坐标轴方位和方向的确定

机床坐标轴的方位和方向取决于机床的类型和各组成部分的布局,其确定顺序如下。

1. 先确定 Z 坐标轴

(1) Z 坐标方位若只有一个主轴,且主轴无摆动运动,则规定平行于主轴的坐标轴为 Z 轴,如图 1-7、图 1-8 所示。

(2) Z 坐标轴正方向。刀具远离工件的方向为 Z 坐标轴正方向(+Z)。

2. 再确定 X 坐标轴

(1) 在刀具旋转的机床上(铣床、钻床、镗床等):对 Z 轴轴线水平的机床(如卧式数控机床),规定由刀具(主轴)向工件看时,X 坐标的正方向指向右边;对 Z 轴轴线竖直且为单立柱的机床(如立式数控机床),规定由刀具向立柱看时,X 坐标的正方向指向右边。

(2) 在工件旋转的机床上(车床、磨床等):X 坐标的方位在工件的径向并平行于横向拖板;X 坐标正方向是刀具离开工件旋转中心的方向。

3. 确定 Y 坐标轴的方向

利用已确定的 X、Z 坐标的正方向,用右手定则或右手螺旋定则,确定 Y 坐标轴的正方向。

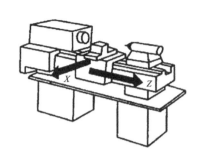
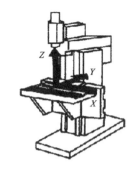

图 1-7　数控车床坐标轴　　　　　　图 1-8　数控铣床坐标轴

1.1.3.3　机床坐标系、机床零点和机床参考点

1. 机床坐标系与机床零点

机床坐标系是用来确定工件坐标系的基本坐标系，机床坐标系的原点也称机床原点或零点。机床零点的位置一般由机床参数来指定，一旦指定，这个零点便被确定下来，维持不变。

2. 机床参考点与机床行程开关

数控机床上电时并不知道机床零点的位置。为了正确地在机床工作时建立机床坐标系，通常在每个坐标轴的移动范围内设置一个机床参考点。机床参考点可以与机床零点重合，也可以不重合，通过机床参数指定该参考点到机床零点的距离。机床工作时，各轴先进行回机床参考点的操作，就可建立机床坐标系。

机床坐标轴的机械行程范围是由最大和最小限位开关来限定的，机床坐标轴的有效行程范围是由机床参数（软件限位）来界定的。在机床经过设计、制造和调试后，机床参考点、机床最大和最小行程限位开关便被确定下来，它们是机床上的固定点；而机床零点和有效行程范围是机床上不可见的点，其值由制造商通过参数来定义。

机床原点（OM）、机床参考点（om）、机床坐标轴的机械行程及有效行程的关系如图 1-9 所示。

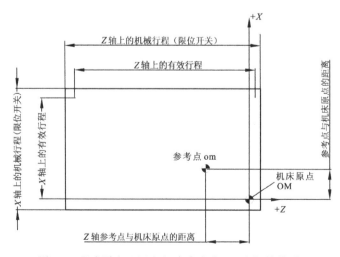

图 1-9　机床零点 OM 与机床参考点 om 之间的关系

3. 机床回参考点的作用

当机床坐标轴回到了参考点位置时,就知道了该坐标轴零点的位置,机床所有坐标轴都回到了参考点,此时数控机床就建立起了机床坐标系,即机床回参考点的过程实质上是机床坐标系的建立过程。因此,在数控机床启动时,一般都要进行自动或手动回参考点操作,以建立机床坐标系。

数控机床的参考点有两个主要作用:一个是建立机床坐标系;另一个是消除由于漂移、变形等造成的误差。机床使用一段时间后,工作台会造成一些漂移,使加工有误差,回一次机床参考点,就可以使机床的工作台回到准确位置,消除误差。所以在机床加工前,经常要进行回机床参考点的操作。

1.1.3.4 工件坐标系和程序原点

工件坐标系是编程人员为编程方便,在工件、工装夹具上或其他地方选定某一已知点为原点,建立的一个编程坐标系,这个新的坐标系,称为工件坐标系。工件坐标系一旦建立便一直有效,直到被新的工件坐标系所取代。如图1-10所示为数控车床与数控铣床工件坐标系原点的设置。

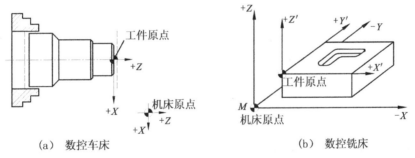

(a) 数控车床　　　　　　　　(b) 数控铣床

图 1-10　工件坐标系原点的设置

选择程序原点的一般原则如下。

(1)一般情况下,以坐标式尺寸标注的零件,程序原点应选在尺寸标注的基准点,尽量使编程简单、尺寸换算少、引起的加工误差小。

(2)对称零件或以同心圆为主的零件,程序原点应选在对称中心线或圆心上。

(3)能方便工件的装夹、测量和检验。

(4)Z轴的程序原点通常选在工件的上表面。

1.2　数控编程

1.2.1　概述

数控加工与传统加工的比较如图1-11所示。

在普通机床上加工零件,一般先要对零件图纸进行工艺分析,制定零件加工工艺规程(也

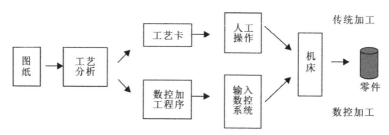

图 1-11 数控加工与传统加工的比较

就是工艺卡),在工艺规程中规定加工工序、使用的机床、刀具、夹具等。机床操作者则根据工序卡的要求,在加工过程中操作机床,自行选定切削用量、走刀路线和工序内的工步安排等,不断地改变刀具与工件的相对运动轨迹和运动参数(位置、速度等),使刀具对工件进行切削加工,从而得到所需要的合格零件。

在 CNC 机床上,传统加工过程中的人工操作均被数控系统所取代,其工作过程如下:首先要将被加工零件图上的几何信息和工艺信息数字化,即编写成零件程序,再将加工程序单中的内容记录在磁盘等控制介质上,然后将该程序送入数控系统。数控系统则按照程序的要求,进行相应的运算、处理,然后发出控制命令,使各坐标轴、主轴以及辅助动作相互协调运动,实现刀具与工件的相对运动,自动完成零件的加工。

上述数控加工过程中的第一步,即零件程序的编制过程,就称为数控编程。其具体内容就是:根据被加工零件的图纸和技术要求、工艺要求,将零件加工的工艺顺序、工序内的工步安排、刀具相对工件运动的轨迹与方向(零件轮廓轨迹尺寸)、工艺参数(主轴转速、进给量、切削深度)及辅助动作(变速、换刀、冷却液开或关、工件的夹紧或松开)等,用数控系统所规定的规则、代码和格式编制成文件(零件程序单),并将程序单的信息制作成控制介质的整个过程。所以,在数控编程之前,编程员应了解所用数控机床的规格、性能、CNC 系统所具备的功能及编程指令格式等。

1.2.1.1 数控编程内容和步骤

数控编程,就是将加工零件的加工顺序、刀具运动轨迹的尺寸数据、工艺参数(主运动和进给运动速度、切削深度等)以及辅助动作(换刀、主轴的正反转、切削液的开或关、刀具的夹紧或松开)等加工信息,用规定的文字、数字、符号组成的代码,按一定的格式编写成加工程序。

1. 数控编程内容

数控机床程序编制内容主要包括分析图纸、工艺分析、数学处理、编写程序单、制备控制介质、输入数控系统、程序的校验和试切,如图 1-12 所示。

2. 数控编程的步骤

1)图纸工艺分析

(1)确定加工机床、刀具与夹具。

(2)确定零件加工的工艺路线、工步顺序。

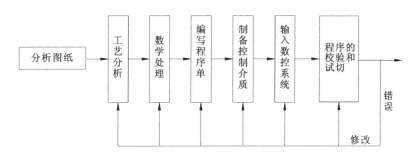

图 1-12 数控编程过程

(3)确定切削用量(主轴转速、进给速度、进给量和切削深度)。

(4)确定辅助功能(换刀、主轴正转或反转、冷却液的开或关等)。

2)数学处理

数学处理就是根据图纸上标注的工件尺寸,确定一个合适的工件坐标系,并以此工件坐标系为基础,完成以下任务。

(1)计算直线和圆弧轮廓的终点(实际为求直线与圆弧间的交点、切点)坐标值,以及圆弧轮廓的圆心、半径等。

(2)计算非圆曲线轮廓离散逼近点的坐标值(当数控系统没有相应曲线的插补功能时,一般要在满足精度的前提下将此曲线用直线段或圆弧段逼近)。

(3)将计算的坐标值按数控系统规定的编程单位换算为相应的编程值。

3)编写程序

根据制定的加工路线、切削用量、选用的刀具、辅助动作和计算的坐标值,按照数控系统规定的指令代码及程序格式,编写零件程序,并进行初步的校验(一般采用阅读法,即对照准备加工的零件的要求,对编制的加工程序进行仔细的阅读和分析,以检查程序的正确性),检查出上述两个步骤的错误。

4)制备控制介质

将程序单上的内容,经转换记录在控制介质(如磁盘)上,作为数控系统的输入信息。若程序较简单,也可直接通过 MDI 键盘输入。

5)输入数控系统

制备的控制介质必须正确无误,才能用于正式加工。因此要将记录在控制介质上(存储在磁盘上)的零件程序,经输入装置输入到数控系统中,并进行校验。

6)程序的校验和试切

(1)程序的校验。程序的校验用于检查程序的正确性和合理性,但不能检查加工精度。利用数控系统的相关功能,在数控机床上运行程序,通过刀具运动轨迹检查程序,这种检查方法较为直观、简单,现已被广泛采用。

(2)程序的试切。通过程序的试切,在数控机床上加工实际零件以检查程序的正确性和合理性。试切法不仅可检验程序的正确性,还可检查加工精度是否符合要求。通常只有试切零件经检验合格后,加工程序才算编制完毕。

1.2.1.2 数控编程方法

数控编程的方法一般有两种:手工编程和自动编程。

1. 手工编程

手工编程是指编制零件数控加工程序的各个步骤,即从零件图纸分析、工艺分析、确定加工路线和工艺参数、计算数控机床所需输入的数据、编写零件的数控加工程序直至程序的检验,均由人工来完成。对于点位加工或几何形状不太复杂的零件,数控编程计算较简单,程序段不多,手工编程即可实现。但对轮廓形状复杂的零件,特别是空间复杂曲面零件,以及几何元素虽并不复杂,但程序量很大的零件,数值计算则相当繁琐,工作量大,容易出错,且很难校对,采用手工编程是难以完成的。因此,为了缩短生产周期,提高数控机床的利用率,有效地解决各种模具及复杂零件的加工问题,必须采用自动编程方法。

2. 自动编程

自动编程是用计算机把人们输入的零件图纸信息改写成数控机床能执行的数控加工程序,就是说数控编程的大部分工作由计算机来完成。编程人员一般只需根据零件图纸及工艺要求,使用规定的数控编程语言编写一个较简短的零件程序,并将其输入计算机(或编程机),计算机(或编程机)自动进行处理,计算出刀具中心轨迹,输出零件数控加工程序。

自动编程减轻了编程人员的劳动强度,缩短了编程的时间,提高了编程质量,同时解决了手工编程无法解决的许多复杂零件的编程难题(如非圆曲线轮廓的计算)。通常三轴联动以上的零件程序用自动编程来完成。

1.2.2 数控加工工艺基础

在 CNC 机床上加工零件、编程之前,首先遇到的就是工艺编制问题,加工过程中从工序、工步,到每道工序中的切削用量、走刀路线、加工余量和所用刀具的选择等内容都要预先确定好并编入程序中。因此,一个合格的编程人员首先应该是一个很好的工艺员,不仅要对 CNC 机床的性能、特点和应用非常熟悉,还要对加工工艺、刀具的应用等都非常熟悉,否则就无法做到全面、周到地考虑零件加工的全过程,并正确、合理地编制零件的加工程序。

1.2.2.1 数控机床的选择和加工工序的确定

(1)数控机床的选择。在 CNC 机床上加工,首先应根据零件的类型来选择相应的机床进行加工。CNC 车床适用于加工形状比较复杂的轴类零件和由复杂曲线回转形成的模具内型腔体。CNC 立式铣床和立式加工中心适用于加工箱体、箱盖、平面凸轮、样板、形状复杂的平面或立体零件,以及磨具的内、外型腔体等。卧式镗铣床和卧式加工中心适用于加工复杂的箱体类零件以及泵体、阀体、壳体等。多坐标联动的卧式加工中心还可以用于加工各种复杂的曲线、曲面、叶轮、模具等。

(2)加工工序的确定。在 CNC 机床上加工特别是在加工中心上加工零件,工序十分集中,许多零件只需要在一次装夹中就能完成全部的工序。但是零件的粗加工,特别是加工铸件、锻毛坯件的基准平面、定位面等应该在普通机床上完成之后,再到 CNC 机床上进行加工,这样就可以充分发挥 CNC 机床的作用,保持 CNC 机床的精度,延长 CNC 机床的使用寿命,降低CNC机床的使用成本。

常用的CNC机床加工零件的工序划分方法如下。

(1)刀具集中分序法。就是按所用刀具划分工序,用同一把刀加工完零件上所有可以完成的部位,再用第二把、第三把刀等完成其他部位的加工,这样可以减少换刀次数,压缩空运行时间,减少不必要的定位误差。

(2)粗、精加工分序法。对单个零件,先粗加工、半精加工,再精加工。对于批量零件,先对所有零件进行粗加工、半精加工,最后再进行精加工。而且在粗加工和精加工之间,最好隔一段时间,以使粗加工后的零件得以充分进行时效,再进行精加工,以提高零件的加工精度。

(3)加工部位分序法。一般先加工平面、定位面,后加工孔;先加工简单的几何形状,再加工复杂的几何形状;先加工精度较低的部位,再加工精度较高的部位。

总之,在CNC机床上加工零件,其加工工序的划分要视加工零件的具体情况作具体分析。

1.2.2.2　工件的装夹方法与定位基准的选择

在CNC机床上加工零件,对零件的夹紧、定位要注意以下几个方面。

(1)应尽量采用组合夹具和标准化通用夹具。当工件批量较大、精度要求较高时,可以设计专用夹具,但结构应尽可能简单。

(2)零件定位、夹紧部位应不妨碍零件各部位的加工、刀具更换以及重要部位的测量,尤其要注意避免刀具与工件、刀具与夹具相撞现象的发生。

(3)零件的装夹、定位要考虑到重复安装的一致性,以减少对刀时间,提高同一批零件加工的一致性。一般对同一批零件采用同一定位基准、同一装夹方式。

1.2.2.3　对刀点与换刀点的确定

对刀点是数控机床加工中刀具相对于工件运动的起点。由于加工程序也是从这一点开始执行,所以对刀点也可以称为加工起点。所谓刀位点,是指刀具上用于确定刀具在机床坐标系中位置的特定点。对于平头铣刀的刀位点一般为端面中心;球头铣刀的刀位点一般为球心;车刀的刀位点为刀尖;钻头的刀位点为钻尖等。如图1-13所示。

对刀点的确定就是将"对刀点"与"刀位点"重合的操作。该操作是工件加工之前必须完成的一个步骤,即在加工前采用手动方式,移动刀具或工件,使刀具的刀位点与工件的对刀点重合。

对刀的目的是确定程序原点在机床坐标系中的位置(工件原点偏置),或者说确定机床坐标系与工件坐标系的相对关系。

对刀点可以设在零件上、夹具上或机床上,也可以设在任何便于对刀之处,但该点必须与程序原点有确定的坐标联系。选择对刀点应遵循以下原则。

(1)选在零件的设计基准、工艺基准上,或与之相关的位置上,以保证工件的加工精度,如对于以孔定位的零件,可以取孔的中心作为对刀点。

(2)选在方便坐标计算的地方,以简化程序编制。

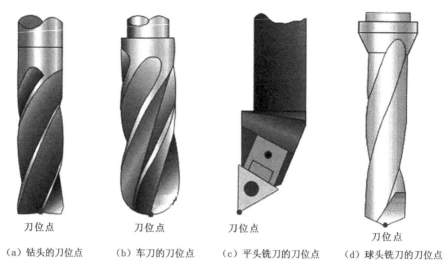

(a) 钻头的刀位点　　(b) 车刀的刀位点　　(c) 平头铣刀的刀位点　　(d) 球头铣刀的刀位点

图 1-13　刀位点

(3) 选在便于对刀、便于测量的地方,以保证对刀的准确性。

换刀点是在加工过程中进行换刀的地方。换刀点应根据工序内容合理安排。为了防止换刀时刀具碰伤工件,换刀点往往设在零件的外面。

1.2.2.4　选择走刀路线

走刀路线是指数控加工过程中刀具相对于工件的运动方向和轨迹。确定每道工序加工路线是非常重要的,因为它与零件的加工精度和编码质量密切相关。确定走刀路线的一般原则为:保证零件的加工精度和表面粗糙度;方便数值计算,减少编程工作量;缩短走刀路线,减少进刀、退刀时间和其他辅助时间,以提高生产效率;尽量减少程序段数,减少所占用的存储空间。

1. 数控车床加工进给路线

加工路线的确定首先必须保证被加工零件的尺寸精度和表面质量,其次考虑数值计算简单、走刀路线尽量短、效率较高等。因为精加工的进给路线基本上都是沿其零件轮廓顺序进行的,所以确定进给路线的工作重点是确定粗加工及空行程的进给路线。

1) 加工路线与加工余量的关系

在数控车床还未达到普及使用的条件下,一般应把毛坯件上过多的余量,特别是含有锻、铸硬皮层的余量安排在普通车床上加工。如果必须用数控车床加工时,则要注意程序的灵活安排。安排一些子程序对余量过多的部位先做一定的切削加工。

(1) 图 1-14 所示为车削大余量工件的两种加工路线,图 1-14(a)是错误的阶梯切削路线,图 1-14(b)按 1→5 的顺序切削,每次切削所留余量相等,是正确的阶梯切削路线。因为在同样背吃刀量的条件下,按图 1-14(a)所示方式加工所剩的余量过多。根据数控加工的特点,还可以放弃常用的阶梯车削法,改用依次从轴向和径向进刀、顺工件毛坯轮廓走刀的路线(图 1-15)。

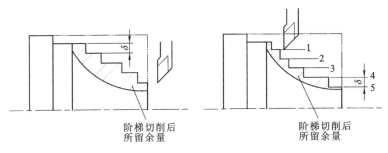

(a)错误的阶梯切削路线　　(b)正确的阶梯切削路线

图 1-14　车削大余量工件的阶梯路线

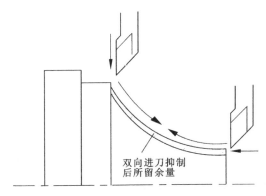

图 1-15　双向进刀走刀路线

(2)分层切削时刀具的终止位置。当工件表面的余量较多需分层多次走刀切削时,从第二刀开始就要注意防止走刀到终点时切削深度的猛增。如图 1-16 所示,设以 90°主偏角刀分层车削外圆,合理的安排应是每一刀的切削终点依次提前一小段距离 e(例如可取 $e=0.05\text{mm}$)。如果 $e=0$,则每一刀都终止在同一轴向位置上,主切削刃就可能受到瞬时的重负荷冲击。当刀具的主偏角大于 90°,但仍然接近 90°时,也宜作出层层递退的安排,经验表明,这对延长粗加工刀具的寿命是有利的。

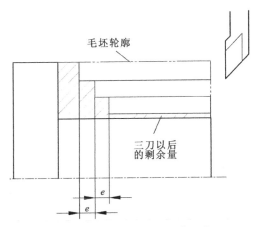

图 1-16　分层切削时刀具的终止位置

2) 刀具的切入、切出

在数控机床上进行加工时,要安排好刀具的切入、切出路线,尽量使刀具沿轮廓的切线方向切入、切出。尤其是车螺纹时,必须设置升速段 δ_1 和降速段 δ_2(图 1-17),这样可避免因车刀升降而影响螺距的稳定。

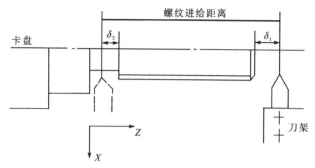

图 1-17　车螺纹时的引入距离和超越距离

3) 确定最短的空行程路线

确定最短的走刀路线,除了依靠大量的实践经验外,还应善于分析,必要时辅以一些简单计算。现将实践中的部分设计方法或思路介绍如下。

(1) 巧用对刀点。

图 1-18(a)所示为采用矩形循环方式进行粗车的一般情况示例。其起刀点 A 的设定是考虑到精车等加工过程中需方便换刀,故设置在离坯料较远的位置处,同时将起刀点与其对刀点重合在一起,按三刀粗车的走刀路线安排如下:

第一刀为 A→B→C→D→A。

第二刀为 A→E→F→G→A。

第三刀为 A→H→I→J→A。

图 1-18(b)所示则是巧将起刀点与对刀点分离,并设于图示 B 点位置,仍按相同的切削用量进行三刀粗车,其走刀路线安排如下:起刀点与对刀点分离的空行程为 A→B。

第一刀为 B→C→D→E→B。

第二刀为 B→F→G→H→B。

第三刀为 B→I→J→K→B。

显然,图 1-18(b)所示的走刀路线短。

(2) 巧设换刀点。

为了考虑换(转)刀的方便和安全,有时将换(转)刀点也设置在离坯件较远的位置处(图 1-18 中 A 点),当换第二把刀后,进行精车时的空行程路线必然也较长;如果将第二把刀的换刀点也设置在图 1-18(b)中的 B 点位置上,则可缩短空行程距离。

(3) 合理安排"回零"路线。

在手工编制较复杂轮廓的加工程序时,为使其计算过程尽量简化,既不易出错,又便于校核,编程者(特别是初学者)有时将每一刀加工完后的刀具终点通过执行"回零"(即返回对刀点)指令,使其全都返回到对刀点位置,然后再进行后续程序。这样会增加走刀路线的距离,从而大大降低生产效率。因此,在合理安排"回零"路线时,应使其前一刀终点与后一刀起点间的距离尽量减短,或者为零,以满足走刀路线为最短的要求。

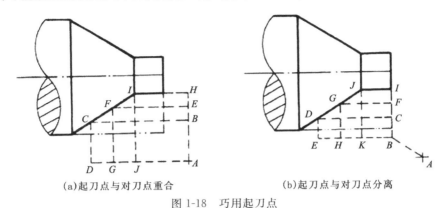

(a)起刀点与对刀点重合　　　　(b)起刀点与对刀点分离

图 1-18　巧用起刀点

4)确定最短的切削进给路线

切削进给路线短,可有效地提高生产效率,降低刀具损耗。在安排粗加工或半精加工的切削进给路线时,应同时兼顾到被加工零件的刚性及加工的工艺性等要求,不要顾此失彼。

图 1-19 所示为粗车工件时几种不同切削进给路线的安排示例。其中,图 1-19(a)表示利用数控系统具有的封闭式复合循环功能而控制车刀沿着工件轮廓进行走刀的路线;图 1-19(b)表示利用其程序循环功能安排的"三角形"走刀路线;图 1-19(c)表示利用其矩形循环功能安排的"矩形"走刀路线。

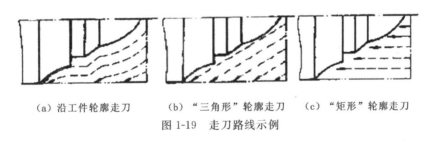

(a)沿工件轮廓走刀　　(b)"三角形"轮廓走刀　　(c)"矩形"轮廓走刀

图 1-19　走刀路线示例

对以上 3 种切削进给路线,经分析和判断后可知矩形循环进给路线的走刀长度总和为最短。因此,在同等条件下,其切削所需时间(不含空行程)为最短,刀具的损耗小。另外,矩形循环加工的程序段格式较简单,所以这种进给路线的安排,在制定加工方案时应用较多。

2. 数控铣床加工的进给路线

(1)进给路线是刀具在整个加工工序中相对于工件的运动轨迹,它不但包括了工步的内容,而且也反映了工步的顺序。进给路线也是编程的依据之一。

(2)加工路线的确定首先必须保持被加工零件的尺寸精度和表面质量,其次考虑数值计算简单、走刀路线尽量短、效率较高等。因为精加工的进给路线基本上都是沿其零件轮廓顺序进行的,所以确定进给路线的工作重点是确定粗加工及空行程的进给路线。

(3)在确定进给路线时,为减少接刀痕迹,保证零件表面质量,对刀具的切入和切出程序需要精心设计,要尽量避免在轮廓处停刀或垂直切入切出工件,以免留下刀痕。在铣削零件外轮廓时,铣刀应从轮廓的延长线上切入切出,或从轮廓的切向切入切出,如图 1-20(a)、(b)所示。在铣削零件内轮廓时,应从内轮廓的切向切入切出,如图 1-20(c)所示。应尽量避免如

图 1-21 所示的径向直进刀,以免在工件表面留下刀痕。

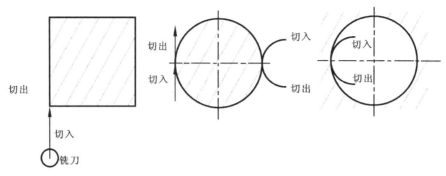

(a) 直线延长线切入切出　　(b) 切线机切向切入切出　　(c) 内轮廓切向切入切出

图 1-20　常用的切入切出方式

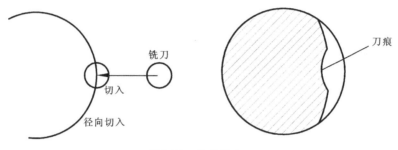

图 1-21　径向切入

(4)铣削轮廓的加工路线要合理,一般采用双向切削、单向切削和环形的进给方式。铣削封闭的内轮廓时,若内轮廓曲线允许外延,则应沿切线方向切入切出。若内轮廓曲线不允许外延,则刀具只能沿内轮廓曲线的径向切入切出,最好选在两面的交界处。为保证表面质量,一般选择如图 1-22 所示的进给路线。

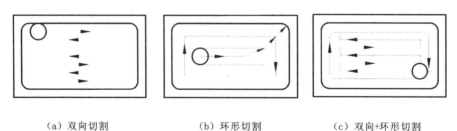

(a) 双向切割　　　　　　(b) 环形切割　　　　　(c) 双向+环形切割

图 1-22　封闭内轮廓常用进给方式

1.2.2.5　选择刀具

1.数控车床常用刀具的选择及安装

1)数控车床常用刀具

在数控车床上使用的刀具有外圆车刀、螺纹刀、切断刀、镗刀、钻头等,其中以外圆车刀、切断刀、镗刀最为常用,如图 1-23 所示。

数控车床使用的外圆车刀、螺纹刀、切断刀、镗刀均有焊接式和机夹式之分,除普通型数控车床外,目前已广泛使用机夹式车刀,它主要由刀体、刀片和刀片压紧系统三部分组成,其中刀片普遍使用硬质合金涂层刀片,如图1-24所示。

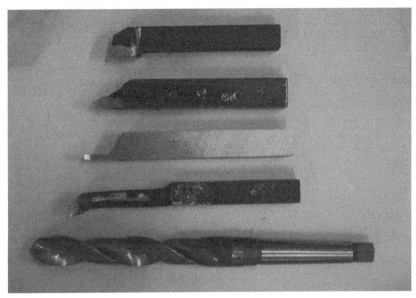

图1-23 常用车刀类型

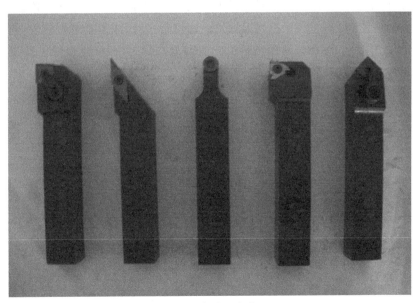

图1-24 各种机夹车刀

2)刀具的选择

在实际生产中,数控车刀主要根据数控车床回转刀架的刀具安装尺寸、工件材料、加工类型、加工要求及加工条件从刀具样本中选定,其步骤大致如下:

(1)确定工件材料和加工类型(外圆、孔或螺纹)。

(2)根据粗、精加工要求和加工条件确定刀片的牌号和几何槽形。

(3)根据刀架尺寸、刀片类型和尺寸选择刀杆。

3)刀具的安装

选择好合适的刀片和刀杆后,先将刀片安装在刀杆上,再将刀杆依次安装到回转刀架上,之后通过刀具干涉图和加工行程图检查刀具安装尺寸。

4)注意事项

在刀具安装过程中应注意以下问题:

(1)安装前保证刀杆及刀片定位面清洁、无损伤。

(2)将刀杆安装在刀架上时,应保证刀杆方向正确。

(3)安装刀具时需注意使刀尖等高于主轴的回转中心。

2.数控铣床对刀具的要求及铣刀的种类

1)对刀具的要求

(1)铣刀刚性要好。首先是为了满足提高生产效率而采用大切削用量的需要,其次是为适应数控铣床加工过程中难以调整切削用量的特点。当工件各处的加工余量相差悬殊时,通用铣床可以采取分层铣削方法加以解决,而数控铣削必须按程序规定的走刀路线前进,遇到余量大时无法像通用铣床那样"随机应变",除非在编程时能够预先考虑到,否则铣刀必须返回原点,用改变切削面高度或加大刀具半径补偿值的方法从头开始加工,多走几刀。但这样势必造成余量少的地方经常走空刀,降低了生产效率,如刀具刚性较好就不必这么办。

(2)铣刀的耐用度要高。当一把铣刀加工的内容很多时,如刀具磨损较快,就会影响工件的表面质量与加工精度,而且会增加换刀引起的调刀与对刀次数,也会使工作表面留下因对刀误差而形成的接刀台阶,降低工件的表面质量。

切屑黏刀形成积屑瘤在数控铣削中是十分忌讳的,因此,除上述两点之外,铣刀切削刃的几何角度参数的选择及排屑性能等也非常重要。总之,根据被加工工件材料的热处理状态、切削性能及加工余量,选择刚性好、耐用度高的铣刀,是充分发挥数控铣床生产效率和获得满意加工质量的前提。

2)常用铣刀种类

铣刀是多刃刀具,它的每一个刀齿都相当于一把车刀,它的切削基本规律与车削相似,但铣削是断续切削,切削厚度和切削面积随时在变化。铣刀在旋转表面上或端面上具有刀齿,铣削时,铣刀的旋转运动是主运动,工件的直线运动是进给运动。常用的有盘铣刀、键槽铣刀、立铣刀、成型铣刀、球头铣刀和鼓形铣刀等。

(1)盘铣刀。一般采用在盘状刀体上机夹刀片或刀头,常用于端铣较大的平面,如图1-25(a)所示。

(2)键槽铣刀和立铣刀。键槽铣刀[图1-25(b)]和立铣刀[图1-25(c)]是数控铣加工中最常用的铣刀,广泛用于加工平面类零件。键槽铣刀和立铣刀除用其端刃铣削外,也常用其侧刃铣削,有时端刃、侧刃同时进行铣削。

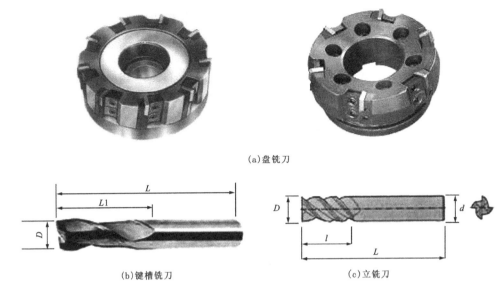

(a)盘铣刀

(b)键槽铣刀　　　　　　　　(c)立铣刀

图 1-25　盘铣刀、键槽铣刀和立铣刀

(3)成型铣刀。成型铣刀一般都是为特定的工件或加工内容专门设计制造的,适用于加工平面类零件的特定形状(如角度面、凹槽面等),也适用于特形孔或台。图 1-26 所示的是几种常用的成型铣刀。

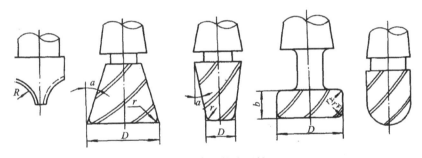

图 1-26　常用的成型铣刀

(4)球头铣刀。适用于加工空间曲面零件,有时也用于平面类零件较大的转接凹圆弧的补加工。图 1-27 所示的是一种常见的球头铣刀。

(5)鼓形铣刀。图 1-28 所示的是一种典型的鼓形铣刀,主要用于对变斜角类零件的变斜角面的近似加工。

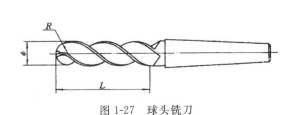

图 1-27　球头铣刀　　　　　　　　图 1-28　鼓形铣刀

除上述几种类型的铣刀外,数控铣床也可使用各种通用铣刀。但因不少数控铣床的主轴内有特殊的拉刀装置,或因主轴内孔锥度有别,需配制过渡套和拉杆。

3)刀具的选择

数控铣床切削加工具有高速、高效的特点,与传统铣床切削加工相比较,数控铣床对切削加工刀具的要求更高,铣削刀具的刚性、强度、耐用度和安装调整方法都会直接影响切削加工的工作效率;刀具的精度、尺寸、稳定性都会直接影响工件的加工精度及表面的加工质量,合理选用切削刀具也是数控加工工艺中的重要内容之一。

(1)孔加工刀具的选用。

①数控机床孔加工一般无钻模,由于钻头的刚性和切削条件差,选用钻头直径 D 应满足 $L/D \leqslant 5$(L 为钻孔深度)的条件。

②钻孔前先用中心钻定位,保证孔加工的定位精度。

③精铰孔可选用浮动铰刀,铰孔前孔口要倒角。

④镗孔时应尽量选用对称的多刃镗刀头进行切削,以平衡径向力,减少镗削振动。

⑤尽量选择较粗和较短的刀杆,以减少切削振动。

(2)铣削加工刀具的选用。

①镶装不重磨可转位硬质合金刀片的铣刀主要用于铣削平面,粗铣时,选择铣刀直径小一些的;精铣时,选择铣刀直径大一些的;当加工余量大且余量不均匀时,选择刀具直径小一些的,否则会造成因接刀刀痕过深而影响工件的加工质量。

②对立体曲面或变斜角轮廓外形工件进行加工时,常采用球头铣刀、环形铣刀、鼓形铣刀、锥形铣刀、盘形铣刀。

③高速钢立铣刀多用于加工凸台和凹槽。如果加工余量较小,表面粗糙度要求较高时,可选用镶立方氮化硼刀片或镶陶瓷刀片的端面铣刀。

④毛坯表面或孔的粗加工,可选镶硬质合金的玉米铣刀进行强力切削。

⑤加工精度要求较高的凹槽,可选用直径比槽宽小的立铣刀,先铣槽的中间部分,然后利用刀具半径补偿功能铣削槽的两边。

1.2.3 数控加工程序的组成及格式

1.2.3.1 程序的结构

在所有的数控机床中,以数控铣床、数控车床和加工中心使用最为广泛,其他还有数控磨床、数控镗床、数控电火花、线切割和雕刻机床等。虽然数控机床是多种多样的,所使用的数控系统更是种类繁多,但是编程的方式和所使用的指令却大同小异。只要掌握了最基本的指令和编程方法,无论何种机床的编程都不难理解。

对数控编程中所用的输入代码、程序段格式、加工准备功能指令、坐标位移指令、辅助动作指令、主运动和进给运动速度指令、刀具指令和坐标系设定等,ISO(international organization of standardization)和我国有关部门都已制定了相应的标准,编程时必须予以了解和遵守。还有个别非标准部分,用户可通过仔细阅读生产厂家提供的编程手册,了解有关规定,以便编制的程序能被系统执行。

一个数控加工程序是由一组被传送到数控装置中的指令和数据组成的。一个零件程序是由遵循一定结构、句法和格式规则的若干个程序段组成的,而每个程序段是由若干个指令字组成的。一个完整的零件程序必须包括起始部分(程序名)、中间部分(程序内容)和结束部分(程序结束语),如图 1-29 所示。

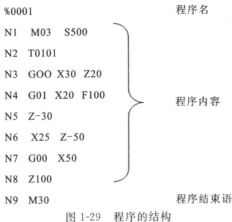

图 1-29　程序的结构

1. 程序名

数控系统可储存很多个程序,为了相互区别,在程序的开始必须冠以程序名。程序名是由"%"或英文字母"O"开头后面跟 4 位数字组成。

2. 程序内容

零件程序的中间部分即程序内容是整个程序的核心,由若干个程序段组成,每个程序段又由指令字符组成,表示数控机床要完成的全部动作。

1)程序段

程序段由段号和程序字组成。段号用 N 表示,范围从 N1～N9999。系统在执行程序时是根据输入程序段的顺序执行的,而不是按照程序段号的大小顺序执行,因此程序段号是可选项,不写并不影响程序的执行和功能。但如果是在重要程序段或程序量比较大的情况下,最好还是写入段号,以便检索或作为条件转移的目标及子程序调用的入口等,并能很快找到错误的程序段且进行修改。

程序段的格式是指在一个程序段中,字母、数字和符号等各信息代码的排列顺序。其含义如图 1-30 所示。

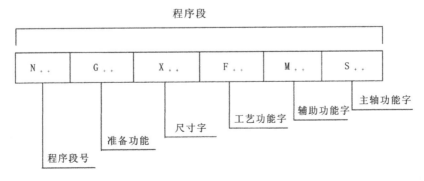

图 1-30　程序段格式

· 23 ·

2)指令字符

在现代数控系统中,指令字一般是由地址符(或称指令字符)和带符号(如定义尺寸的字)或不带符号(如准备功能字 G 代码)的数字组成的,这些指令字在数控系统中完成特定的功能。

3.程序结束语

零件程序的结束部分常用 M02 或 M30 作为整个程序结束的符号,程序结束语应位于最后一个程序段。

1.2.3.2 程序的文件名

CNC 装置可以装入许多程序文件,以磁盘文件的方式读写,通过调用文件名来调用程序,进行加工或编辑。文件名的格式为:O××××(由英文字母 O 和 4 位或 4 位以上的数字或字母组成)。

1.2.3.3 地址符及其含义

本书以华中数控世纪星 HNC-21T/21M 系统为例,介绍编制程序的一些标准和规范。该系统所用指令和 ISO 规定的指令基本一致,所使用的地址符及含义如表 1-1 所示。

表 1-1 地址符一览表

机能	地址符	意义	参数范围
零件程序号	%或O	程序编号	1~9999
程序段号	N	程序段编号	1~9999
准备机能	G	指令动作方式(直线、圆弧等)	00~99
尺寸字	X,Y,Z A,B,C U,V,W	坐标轴的移动命令	±99999.999
	R	圆弧的半径	
	I,J,K	圆弧中心相对起点的坐标位置	
进给速度	F	进给速度的指定	0~15000
主轴机能	S	主轴旋转速度的指定	0~9999
刀具机能	T	刀具编号的指定	0~99,000~9999
辅助机能	M	机床侧开/关控制的指定	0~99
补偿号	H,D	刀具补偿号的指定	00~99
暂停	P,X	暂停时间的指定(s)	
程序号的指定	P	子程序号的指定	1~9999
重复次数	L	子程序的重复次数	2~9999

1.2.3.4 辅助功能 M 代码

辅助功能由地址字 M 和其后的一或两位数字组成,主要用于控制零件程序的走向,以及机床各种辅助功能的开关动作。

M 功能有模态和非模态两种形式。在模态 M 功能组中包含一个缺省功能(表 1-2 中有"★"号的为缺省值),系统上电时将被初始化为该功能。

华中数控世纪星 HNC-21T/21M 系统 M 指令功能如表 1-2 所示。

表 1-2 辅助功能 M 代码及其功能

代码	模态代码	功能说明	代码	模态代码	功能说明
M00	非模态	程序暂停	M03	模态	主轴正转起动
M01	非模态	选择停止	M04	模态	主轴反转起动
M02	非模态	程序结束	★M05	模态	主轴停止转动
M30	非模态	程序结束并返回程序起点	M06	非模态	换刀
M98	非模态	子程序调用	M07	模态	冷却液打开
M99	非模态	子程序返回	★M09	模态	冷却液停止

(1) M00、M02、M30、M98、M99 用于控制零件程序的走向,是 CNC 系统内定的辅助功能,不由机床制造商设计决定,也就是说,与 PLC 程序无关。

(2) 其余 M 代码用于控制机床各种辅助功能的开关动作(如主轴的旋转、冷却液的开关、零件的松紧等),其功能不由 CNC 内定,而是由 PLC 程序指定,所以有可能因机床制造厂不同而有差异(即各机床的 M 代码个数可能不同,同一代码实现的功能也可能不同,表 1-2 所示为标准 PLC 指定的功能)。

CNC 内定的辅助功能如下。

1. 程序暂停 M00

当 CNC 执行到 M00 指令时,将暂停执行当前程序,以方便操作者进行刀具和工件的尺寸测量、工件调头、手动变速等操作。

暂停时,机床的进给停止,而全部现存的模态信息保持不变,欲继续执行后续程序,需重新按下操作面板上的"循环启动"键。

M00 为非模态后作用 M 功能。

2. 程序结束 M02

M02 一般放在主程序的最后一个程序段中。

当 CNC 执行到 M02 指令时,机床的主轴、进给、冷却液全部停止,加工结束。

使用 M02 的程序结束后,若要重新执行该程序,就得重新调用该程序,或在自动加工菜单下选择 F4 键,然后再按下操作面板上的"循环启动"键。

M02 为非模态后作用 M 功能。

3. 程序结束并返回到零件程序头 M30

M30 和 M02 功能基本相同,只是 M30 指令还兼有控制返回到零件程序头(%)的作用。使用 M30 的程序结束后,若要重新执行该程序,只需再次按操作面板上的"循环启动"键。

4. 子程序调用 M98 及子程序返回 M99

(1) M98 用于调用子程序。

格式:M98　P__　L__

P:被调用的子程序号。

L:重复调用的次数。

(2) M99 用于子程序结束,并返回到主程序。

格式:%****

　　　M99

在子程序开头,必须规定子程序号,以作为调用入口地址。在子程序的结尾用 M99,以控制执行完该程序后返回主程序。

例:用调用子程序的方式编制如图 1-31 所示的加工程序。

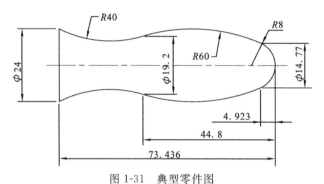

图 1-31　典型零件图

程序:

段号	程序段	程序段意义
% 8882		主程序号
N01	G92 X32 Z10	建立工件坐标系,设定对刀点的位置
N02	G00 Z0	刀具移至子程序起点处
N03	M03 S460	主轴正转,转速 460r/min
N04	M98 P8883 L5	调用子程序 5 次
N05	G90 G00 X32 Z10	返回主程序,刀具退至对刀点位置
N06	M05	主轴停止
N07	M30	程序结束
% 8883		子程序号
N08	G91 G01 X-24 F100	相对编程,确定第一刀切削量
N09	G03 X14.77 Z-4.923 R8	加工 R8 圆弧段

N10	X4.43 Z-39.877 R60	加工 R60 圆弧段
N11	G02 X4.8 Z-28.636 R40	加工 R40 圆弧段
N12	G00 X8	离开已加工表面
N13	Z73.436	刀具回到循环起点 Z 轴处
N14	X-10	调整每次循环的切削量
N15	M99	子程序结束,并回到主程序

5. PLC 设定的辅助功能

(1)主轴控制指令 M03、M04、M05。

M03 启动主轴,以程序中编制的主轴速度顺时针方向旋转。

M04 启动主轴,以程序中编制的主轴速度逆时针方向旋转。

M05 使主轴停止旋转。

M03、M04 为模态前作用 M 功能,M05 为模态后作用 M 功能,M05 为缺省功能。

M03、M04、M05 可相互注销。

(2)冷却液打开和停止指令 M07、M09。

M07 指令将打开冷却液管道。

M09 指令将关闭冷却液管道。

M07 为模态前作用 M 功能;M09 为模态后作用 M 功能,M09 为缺省功能。

1.2.3.5 主轴功能 S、进给功能 F 和刀具功能 T

1. 主轴功能 S

格式:S

说明:指令字后数字表示指定的主轴速度。

例如:S300 (主轴转速为 300r/min)

S 是模态指令,对于主轴转速需要人工调节齿轮组啮合实现变速的机床,S 指令无效。此外还应注意 S 指令仅仅指定了主轴的转速,如希望主轴真正转动起来,还应使用 M03 或 M04 指令来启动主轴。主轴转速也可以借助机床控制面板上的主轴修调进行调整。

2. 进给功能 F

格式:F

说明:指令字后数字指定的是沿刀具运动方向的合成进给速度。

F 是模态指令,表示工件被加工时刀具相对于工件的合成进给速度,进给速度的单位取决于 G94(每分钟进给量 mm/min)、G95(主轴每转进给量 mm/r)。

实现每转进给量与每分钟进给量的转化可参照下式:

$$f_m = f_r \times S$$

式中:f_m——每分钟的进给量(mm/min);

f_r——每转的进给量(mm/r);

S——主轴转数(r/min)。

当工作在 G01、G02 或 G03 方式时,编程的 F 值一直有效,直到被新的 F 值所取代为止。当工作在 G00 方式,快速定位的速度是各轴的最高速度,与所指定的 F 值无关。借助机床控制面板上的倍率按键,进给速度可在一定范围内进行倍率修调。

3. 刀具功能 T

格式:T×× ××

说明:用于选刀,其后的 4 位数字分别表示选择的刀具号和刀具补偿号。前两位数字为刀具号,后两位数字为刀具补偿号,如图 1-32 所示。

图 1-32 T 指令示意图

T 加补偿号表示开始补偿功能。补偿号为 00 表示补偿量为 0,即取消补偿功能。

1.3 实习报告

1. 专业英语翻译

Type of Control

Finally, NC systems can be classified by the type of control loop, either open loop or closed loop control. Open loop control implies that there is no feedback from tool to the controller. Basically, the controller positions the tool by sending pulses to a stepping motor and assumes that the tool reached its programmed position [Figure 1-33(a)]. The controller does not have data returning that would allow a comparison of the actual position to the programmed position. Since there is no feedback, the accuracy of the system will depend on the ability of the motor to step through the exact number of pulses.

Closed loop control has feedback, which can compare position or velocity with the desired reference data. The difference between the actual and programmed data is the error, which is either minimized or eliminated in this system. Typically, the controller sends pulses to the motors, which move the tool. As the tool moves, information is sent back to the controller with the aid of sensors (e.g. position encoders, potentiometers, tachometers, etc.) specifying the actual tool position and/or velocity, which is compared to programmed data. If there is an error between the actual and programmed data, the controller continues to send pulses to the motor until the error is eliminated [Figure 1-33(b)]. The comparisons between actual and programmed positions could be done continuously.

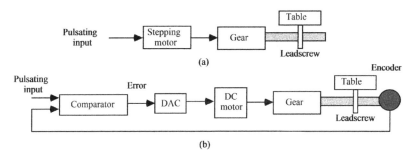

Figure 1-33　(a) Open Loop and (b) Closed Loop Digital Control

2. 数控机床原点、参考点和工件原点之间有何区别？

3. 加工工艺处理有哪些内容？何谓数控加工的工艺路线？确定数控加工路线时要考虑哪些问题？

第 2 章　数控车削

2.1　数控车床

2.1.1　数控车床加工对象

在数控机床中,以数控车床、数控铣床和加工中心使用最为广泛。数控车床主要用于轴类零件的加工,能自动完成内外圆柱面、圆锥面、母线为圆弧的旋转体、螺纹等工序的切削加工,并能进行切槽、钻、扩、铰孔及攻丝等加工。

1. 精度要求高的回转体零件

由于数控车床的刚性好,制造和对刀精度高,以及能方便和精确地进行人工补偿甚至自动补偿,所以它能加工尺寸精度要求高的零件。

2. 表面形状复杂的回转体零件

由于数控车床具有直线和圆弧插补功能,部分车床数控装置还有某些非圆曲线插补功能,所以可以车削由任意直线和平面曲线组成的形状复杂的回转体零件和难以控制尺寸的零件,如具有封闭内成形面的壳体零件。

3. 带横向加工的回转体零件

带有键槽或径向孔或端面有分布的孔系以及有曲面的盘类或轴类零件,可选择车削中心加工。当然端面有分布孔系、曲面的盘类零件也可选择立式加工中心加工。有径向孔的盘类或轴类零件也常选择卧式加工中心加工。这类零件采用加工中心加工后,由于有自动换刀系统,使得一次装夹可完成普通机床多个工序的加工,减少了装夹次数,体现工序集中的原则,保证了加工质量的稳定性,提高了生产率,降低了生产成本。

4. 特殊类型螺纹的零件

传统车床所能切削的螺纹相当有限,它只能车等螺距的直、锥面(公制、英制)螺纹,而且一台车床只限定加工若干种螺距。数控车床不但能车削任何等螺距的直、锥和端面螺纹,而且还能车增螺距、减螺距,以及要求高的螺距、变螺距之间平滑过渡的螺纹和变径螺纹。

数控车床车削螺纹时主轴转向不必像传统车床那样交替变换,它可以一刀又一刀不停地循环车削,直至全部完成。所以数控车床车削螺纹的效率非常高。

2.1.2 数控车床的种类

根据数控车床的结构和使用范围的特点,一般可分为三大类:普通型数控车床、全功能型数控车床和车削加工中心,它们在功能上差别较大。

1. 普通型数控车床

早期普通型数控车床一般都具有单色显示 CRT、程序存储和编辑功能。采用步进电动机和单片机对普通车床的进给系统进行改造后形成的简易型数控车床,成本较低,但自动化程度和功能都比较差,车削加工精度也不高。目前普通型数控车床的功能大多得到进一步的提高,一般采用液晶显示器,用于汉字菜单、系统状态、故障报警的显示和加工轨迹的图形显示。驱动器也由步进电机改为伺服交流电动机,并采用半闭环检测系统对数控系统的位置和速度进行检测。这类数控车床可同时控制两个坐标轴,即 X 轴和 Z 轴。机床一般具有刀尖半径自动补偿、恒线速切削、倒角、固定循环、螺纹循环、用户宏程序等功能。

2. 全功能型数控车床

全功能型数控车床亦可称为标准型数控车床,其结构多为倾斜床身,增加了自动排屑器,配备有转塔式刀架,刀位也由 4 工位增加到 8 工位、12 工位以上,主轴的转速也进一步提高,防护为全防护,卡盘为液压自动卡盘。

全功能型数控车床大都采用机、电、液、气一体化设计和布局,采用全封闭或半封闭防护。图 2-1 所示为 HTC2050 全功能型数控车床,该型号机床可配备有 FANUC、SIEMENS 等多种数控系统。

图 2-1 HTC2050 全功能型数控车床

3. 车削加工中心

车削加工中心是在数控车床的基础上发展起来的。与数控车单机相比,自动选择和使用的刀具数量大大增加。在普通型数控车床的基础上,增加了 C 轴和动力头,更高级的数控车床带有刀库,可控制 XZ 和 C 以及多个附加坐标轴。由于增加了 C 轴和铣削动力头,这种数控车床的加工功能大大增强,除可以进行一般车削外,还可以进行径向和轴向铣削、曲面铣削、中心线不在零件回转中心的孔和径向孔的钻削等加工,如图 2-2 所示。目前,国内已研制出九轴联动数控车削加工中心。

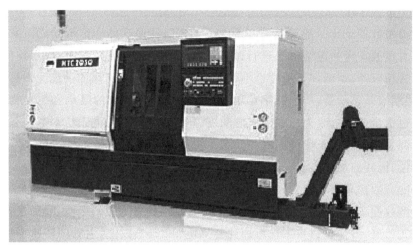

图 2-2　车削加工中心

2.1.3　数控车床的结构

下面以 CK6132 普通数控车床为例,其外形和结构如图 2-3 所示。该机床采用华中数控"世纪星"数控系统(HNC-21T),通过发出和接受信号控制交流伺服电机、车床的主轴和转位刀架。主轴采用变频器控制电机转速达到无级变速,进给速度可任意设定,从而实现由微电脑控制的自动化加工。该机床可在自动、手动方式下进行操作,具有半自动对刀、刀具补偿和间隙补偿功能,配有硬件、软件限位等功能。床身导轨采用耐磨铸铁经超音频淬火及精磨而成,床鞍及滑动面贴塑,能长久稳定地保持机床工作精度。因此具有高精度、高效率、高可靠性和长寿命等特点。

图 2-3　数控车床结构图

2.2 数控车床的操作基础

在数控机床操作中,无论使用的是数控车床、数控铣床还是加工中心,都是通过操作装置来实现控制的,其基本操作方法大致相似,即通过机床控制面板 MCP 和手持单元 MPG 直接控制机床的动作或加工过程,如启动、暂停零件程序的运行,手动进给坐标轴,调整进给速度等;通过 NC 键盘完成系统的软件菜单操作,如零件程序的编辑、参数输入、MDI 操作及系统管理等。

下面以 CK6136 数控车床上配置的 HNC-21T 系统为例,介绍数控车床操作面板的基本结构和使用方法。

华中世纪星车床数控装置操作面板如图 2-4 所示,它包括机床操作按键、全数字式 MDI 操作键盘、液晶显示器和功能软键。

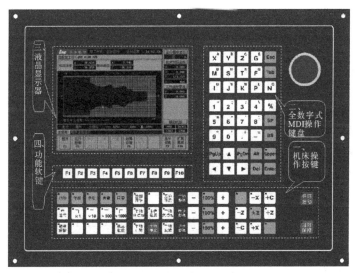

图 2-4 华中世纪星车床数控装置操作面板

2.2.1 机床操作按键组

机床操作按键组可改变数控机床的加工方式,也可用该按键组直接控制机床的运行,如图 2-5 所示。

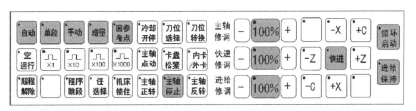

图 2-5 机床操作按键组

机床操作按键组各按键功能见表 2-1 所示。

表 2-1 机床操作按键组各按键功能

功能键		功能说明
工作方式选择键	自动	自动连续加工工件,模拟加工工件,在 MDI 模式下运行指令
	单段	"单段"仅对自动方式有效。每按一次循环启动键,执行一段程序
	手动	在此功能下,可通过机床操作按键手动换刀,手动移动机床各轴,手动松紧刀具等
	增量	按压此功能键,可用操作面板上"轴选择"开关切换"增量"工作方式或"手摇"工作方式。可定量移动机床坐标轴,移动距离可由操作面板中"倍率修调"进行调整
	回参考点	按下该键,再按"+X""+Z"移动按键,进行回参考点工作,建立机床坐标系
主轴旋转键	主轴正转	"手动"和"增量"方式下,按下该键,可使主轴正转
	主轴停止	"手动"和"增量"方式下,按下该键,可使主轴停止,机床正在做进给运动时,该键无效
	主轴反转	"手动"和"增量"方式下,按下该键,可使主轴反转
超程解除键	超程解除	当机床超出安全范围时,行程开关撞上机床上的挡块,此时机床会切断伺服强电,机床不能动作,起到保护作用。如要重新工作,需按下该键不放,待接通电源同时在"手动"方式下,反向移动机床,使行程开关离开挡块
机床锁住按键	机床锁住	在"手动"和"手摇"工作方式下,按下此键,机床的所有实际动作无效。但指令运算有效,故可在此状态下模拟运行程序
倍率修调按键	X1 X10 X100 X1000	在"增量"和"手摇"的工作方式下有效。通过该类按键选择定量移动的距离量
运行控制按键	循环启动	"自动"和"单段"方式下,在系统主菜单下按 F1 键进入自动加工子菜单,再按 F1 选择要运行的程序,然后按一下"循环启动"键,自动加工开始。适用于自动运行方式的按键,同样适用于 MDI 运行方式和单段运行方式。注意:自动加工前应保证对刀正确

续表 2-1

功能键		功能说明
运行控制按键	空运行	在"自动"方式下,按下该键,CNC 处于空运行状态,坐标轴将以最大快移速度移动。使用此功能可确认切削路径和检查程序。 注意:在实际切削时,必须关闭此功能,否则可能会造成危险
	程序跳段	如程序中使用了跳段符号"/",按下该键后,程序运行到有该符号标定的程序段,即跳过不执行该段程序;解除该键,则跳段功能无效
	进给保持	在自动运行加工过程中,按一下此键,机床上刀具相对工件的进给运动停止,但机床的主运动并不停止。再按下"循环启动"键后,继续运行下面的进给运动
手动机床动作控制按键	冷却开停	在"手动"方式下,按一下该键,冷却液开,再按一下,冷却液关
	主轴点动	在"手动"方式下,按下该键,主轴将产生正向连续转动,松开此键,主轴停止转动
	刀位选择	在"手动"方式下,可用此键选择工作刀位的刀具,但此时不立即进行换刀
	刀位转换	用"刀位选择"按键选择好工作刀位上的刀具后按下该键,即可进行换刀
	卡盘松紧	在手动方式下,按一下该键,卡盘松开工件,可以进行更换工件操作。再按一次该键为夹紧工件,可以进行加工工件操作,如此循环
速度修调	− 100% +	通过该 3 个速度修调按键,可对主轴转速、G00 快移速度、工作进给或手动进给速度进行修调
轴手动按键	−X −Z 快进 +Z +X	"手动""增量"和"回零"方式下有效。 "手动"方式时,确定机床移动的轴和方向,通过该类按键,可手动控制刀具移动。移动的速度由系统快速修调和进给修调按键确定。当同时按下方向键和"快进"键时,以系统设定的最大加工速度移动。 "增量"方式时,确定机床定量移动的轴和方向。 "回零"方式时,确定回参考点的轴和方向

2.2.2 MDI 键盘

MDI 键盘主要用于零件程序的编制、参数输入、MDI 及系统管理操作等，如图 2-6 所示。

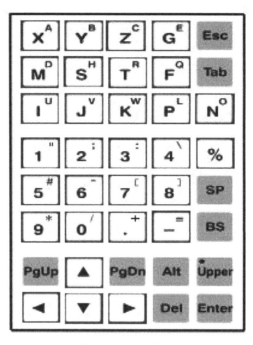

图 2-6　MDI 按键组

MDI 键盘各按键的功能见表 2-2。

表 2-2　MDI 键盘的功能

功能键	功能说明
Esc	退出当前窗口
SP	光标向后移并空一格
BS	光标向前移并删除前面字符
PgUp	向前翻页
PgDn	向后翻页

续表 2-2

功能键	功能说明
Upper	上档有效
▲▼◄►	移动光标的方向键
Del	删除当前字符
Enter	确认(回车)

2.2.3 显示屏

显示屏主要用于汉字菜单、系统状态、故障报警的显示和加工轨迹的图形仿真,如图 2-7 所示。

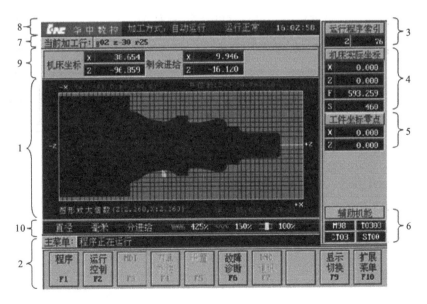

图 2-7 显示屏

系统界面显示各区域内容如下。

1. 图形显示窗口。可以根据需要,用功能键 F9 设置窗口的显示模式。
2. 菜单命令条。通过菜单命令条中的功能软键 F1～F10 来完成系统功能的操作。

3. 运行程序索引。自动加工中的程序名和当前程序段行号。

4. 刀具在选定坐标系下的坐标值。坐标系可在机床坐标系、工件坐标系、相对坐标系之间切换；显示值可在指令位置实际位置、剩余进给、跟踪误差、负载电流、补偿值之间切换（负载电流只对 11 型伺服有效）。

5. 工件坐标零点。工件坐标系零点在机床坐标系下的坐标。

6. 辅助机能。自动加工中的 M、S、T 代码。

7. 当前加工程序行。当前正在或将要加工的程序段。

8. 当前加工方式、系统运行状态及当前时间。工作方式：系统工作方式根据机床控制面板上相应按键的状态可在自动（运行）、单段（运行）、手动（运行）、增量（运行）、回零、急停、复位等之间切换。运行状态：系统工作状态在"运行正常"和"出错"间切换。系统时钟：当前系统时间。

9. 机床坐标、剩余进给。

机床坐标：刀具当前位置在机床坐标系下的坐标。

剩余进给：当前程序段的终点与实际位置之差。

10. 直径/半径编程、公制/英制编程、每分进给/每转进给、快速修调、进给修调、主轴修调。

2.2.4 功能软键

功能软键系统界面中最重要的一块是菜单命令条，如图 2-8 所示。操作者通过操作菜单命令条中 F1~F10 功能软键，对应显示屏下方的 F1~F10 功能软键，完成系统的主要功能。

图 2-8 功能软件组

由于功能软键中每个功能包括不同的操作，菜单采用层次结构，即在主菜单下选择一个菜单项后，数控装置会显示该功能下的子菜单，故按下同一个功能软键，在不同菜单层时，其功能不同。用户可根据操作需要选择菜单显示的功能进行操作。该系统基本功能菜单结构如下所示。

1. 第一级菜单

主菜单									
F1 程序	F2 运行控制	F3 MDI	F4 刀具补偿	F5 设置	F6 故障诊断	F7 DMC 通信	F8	F9 显示切换	F10 扩展菜单

2. 第二级菜单

F1 程序									
F1 选择程序	F2 编辑程序	F3	F4 保存程序	F5 程序校验	F6 停止运行	F7 重新运行	F8	F9 显示切换	F10 主菜单

F2 运行控制									
F1 指定行运行	F2	F3	F4	F5 保存断点	F6 恢复断点	F7	F8	F9 显示切换	F10 返回

F3 MDI									
F1	F2 MDI清除	F3	F4 回程序起点	F5	F6	F7 返回断点	F8 重新对刀	F9	F10 返回

F4 刀具补偿									
F1 刀偏表	F2 刀补表	F3	F4	F5	F6	F7	F8	F9 显示切换	F10 返回

F5 设置									
F1 坐标系设定	F2 毛坯设置	F3 设置显示	F4	F5 网络	F6 串口参数	F7	F8	F9 显示切换	F10 返回

F6 故障诊断									
F1	F2 运行统计	F3 预设统计值	F4	F5	F6 报警显示	F7 错误历史	F8	F9 显示切换	F10 返回

F10 扩展菜单									
F1 PLC	F2 蓝图编程	F3 参数	F4 版本信息	F5	F6 注册	F7 帮助信息	F8 后台编辑	F9 显示切换	F10 返回

3.第三级菜单

				F4 刀具补偿→F1 刀偏表					
F1 X轴 清零	F2 Z轴 清零	F3	F4	F5 刀架 平移	F6	F7	F8	F9	F10 返回

				F5 设置→F1 坐标系设定					
F1 G54 坐标系	F2 G55 坐标系	F3 G56 坐标系	F4 G57 坐标系	F5 G58 坐标系	F6 G59 坐标系	F7 工件 坐标系	F8 相对值 零点	F9	F10 返回

				F10 扩展菜单→F1 PLC					
F1 装入 PLC	F2 编辑 PLC	F3 输入 输出	F4 状态 显示	F5	F6	F7 备份 PLC	F8	F9 显示 切换	F10 返回

				F10 扩展菜单→F3 参数					
F1 参数 索引	F2 修改 口令	F3 输入 口令	F4	F5 置出 厂值	F6 恢复 前值	F7 备份 参数	F8 装入 参数	F9	F10 返回

				F10 扩展菜单→F8 后台编辑					
F1	F2 文件 选择	F3 新建 文件	F4 保存 文件	F5	F6	F7	F8	F9	F10 返回

2.3 准备功能 G 代码

准备功能 G 代码由 G 和一或二位数值组成,它用来规定刀具和工件的相对运动轨迹、机床坐标系、坐标平面、刀具补偿、坐标偏置等多种加工操作。

G 指令也有非模态代码和模态代码之分。非模态指令是指只在所规定的程序段中有效,程序段结束时就被注销;而模态功能是指一组可以相互注销的 G 功能,其中一个 G 功能一旦被使用则一直有效,直到被同一组的另一 G 功能所取代即被注销。

表 2-3 为数控车床 G 代码的含义。

表 2-3 数控车床准备功能代码表

G 代码	组	功能	参数(后续地址字)
★G00	01	快速定位	X,Z
G01		直线插补	同上
G02		顺圆插补	X,Z,I,K,R
G03		逆圆插补	同上
G04	00	暂停	P
G20	08	英寸输入	X,Z
★G21		毫米输入	同上
G28	00	返回刀参考点	
G29		由参考点返回	
G32	01	螺纹切削	X,Z,R,E,P,F
★G36	17	直径编程	
G37		半径编程	
G40	09	刀尖半径补偿取消	
G41		左刀补	T
G42		右刀补	T
★G54	11	坐标系选择	
G55			
G56			
G57			
G58			
G59			
G65		宏指令简单调用	
G71	06	外径/内径车削复合循环	X,Z,U,W,C,P,Q,R,E
G72		端面车削复合循环	
G73		闭环车削循环	
G76		螺纹切削复合循环	
★G80		外径/内径车削固定循环	X,Z,I,K,C,P,R,E
G81		端面车削固定循环	
G82			
★G90	14	绝对值编程	
G91		相对值编程	
G92	00	工件坐标系设定	X,Z
★G94	14	每分钟进给	
G95		每转进给	
G96	16	恒线速度切削	S
★G97			

注:(1)表中带"★"号的表示该 G 代码为缺省值。

(2)00 组中的 G 代码是非模态的,其他组的 G 代码是模态的。

2.3.1 单位的设定

1.尺寸单位的选择 G20、G21

格式:G20

　　　G21

说明:G20、G21 用于尺寸字的输入制式(即单位)。

其中:G20 为英制输入制式;G21 为公制输入制式。

两种制式下线性轴、旋转轴的尺寸单位如表 2-4 所示。

表 2-4　尺寸输入制式及其单位

制式	线性轴	旋转轴
英制(G20)	英寸(in)	度(°)
公制(G21)	毫米(mm)	度(°)

G20、G21 为模态指令,G21 为缺省值。

2.进给速度单位的设定 G94、G95

格式:G94 F ＿

　　　G95 F ＿

说明:G94、G95 用于指定进给速度 F 的单位。

其中:G94 为每分钟进给量,单位为 mm/min;G95 每转进给量,即主轴旋转一周时刀具的进给量,单位为 mm/r。

G94、G95 为模态指令,为缺省值,只有在主轴装有编码器时才有效。

2.3.2 编程方式的选定

1.直径编程 G36 与半径编程 G37

格式:G36

　　　G37

说明:该组指令选择编程方式。

其中:G36 为直径编程;G37 为半径编程。

由于数控车床加工的通常是旋转体,其 X 值尺寸可以用两种方式加以指定,即直径方式或半径方式。G36 为缺省值。

2.绝对值编程 G90 与相对值编程 G91

格式:G90

　　　G91

说明:该组指令选择编程方式。

其中:G90 为绝对值编程;G91 为相对值编程。

采用 G90 编程时,坐标轴上的坐标值 X、Z 是相对于程序原点而言的;采用 G91 编程时,坐标轴上的坐标值 X、Z 是相对于前一个位置而言的，该值等于沿轴移动的距离，与当前编程坐标系无关。

G90、G91 为模态指令，可相互注销，G90 为缺省值。

采用 G91 编程时，也可以用 U、W 表示 X 轴、Z 轴的增量值。

例：如图 2-9 所示，分别采用 G90、G91 编程加工图示工件。要求刀具由原点按顺序移动到 1 点、2 点、3 点，然后回到 1 点。

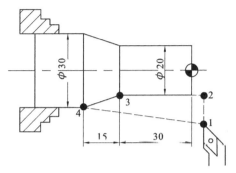

图 2-9 G90、G91 编程实例

程序：

绝对值编程	增量值编程	混合编程
% 0001	% 0001	% 0001
T0101(G36)	T0101(G36)	T0101(G36)
(G90)G00 X50 Z2	G00 X50 Z2	(G90)G00 X50 Z2
G01 X20 (Z2)	G91 G01 X-30(Z0)	G01 X20 (Z2)
(X20)Z-30	(X0)Z-32	Z-30
X30 Z-45	X10 Z-15	U10 Z-45
X50 Z2	X20 Z47	X50 W47
M30	M30	M30

2.3.3 工件坐标系设定 G92

格式：G92 X__ Z__

说明：G92 通过设定对刀点与工件坐标系原点的相对位置建立工件坐标系。

其中：X、Y、Z 分别为设定的工件坐标系原点到对刀点的有向距离。

执行该指令时，刀具当前点必须恰好在对刀点上，否则加工出来的产品就有误差或报废，甚至出现危险。因此，在实际操作时怎样使两点重合，由操作时对刀完成。

例：如图 2-10 所示，使用 G92 编程，建立工件坐标系。

当以工件左端面为工件原点时，应按下行程序建立坐标系。

G92 X50 Z60

当以工件右端面为工件原点时，应按下行程序建立坐标系。

G92 X50 Z20

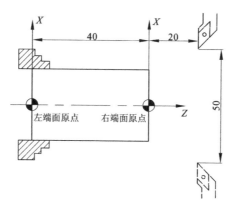

图 2-10　G92 设立工件坐标系

X、Z 值的确定,即确定对刀点在工件坐标系下的坐标值。其选择的一般原则为:① 方便数学计算和简化编程;② 容易找正对刀;③ 便于加工检查;④ 引起的加工误差小;⑤ 不要与机床、工件发生碰撞;⑥ 方便拆卸工件;⑦ 空行程不要太长。

注意:①执行此段程序只是建立在工件坐标系中刀具起点相对于程序原点的位置,刀具并不产生运动;②执行此段程序之前必须保证刀位点与程序起点(对刀点)符合;③G92 指令必须单独一个程序段指定,并放在程序的首段。

2.3.4 进给控制指令

1. 快速定位 G00

格式:G00　X__ Z__

说明:X、Z、Y 快速定位终点,在 G90 时为终点在工件坐标系中的坐标;在 G91 时为终点相对于起点的位移量。

G00 指令中的快移速度由机床参数"快移进给速度"对各轴分别设定,不能用 F 规定。

G00 一般用于加工前快速接近工件或加工后快速退刀。快移速度可由面板上的"快速修调"修正。

2. 直线插补 G01

格式:G01 __ X __ Z __ F __

说明:X、Z 为线形进给终点,在 G90 时为终点在工件坐标系中的坐标值;在 G91 时为终点相对于起点的位移量;F 为合成进给速度。

G01 指令刀具以联动的方式,按 F 规定的合成进给速度,从当前位置按线性路线(联动直线轴的合成轨迹为直线)移动到程序段指令的终点。

3. 圆弧插补 G02/G03

格式:G02/G03　X __ Z __ R __ (I __ K __) F __

说明:G02/G03 指令刀具,按 F 规定的合成进给速度,从当前位置按顺时针/逆时针进行圆弧加工。

圆弧插补 G02/G03 的判断,在加工平面内,根据其插补时的旋转方向为顺时针/逆时针来区别。

在 G90 时,X、Y、Z 为圆弧终点在工件坐标系中的坐标;在 G91 时,X、Y、Z 为圆弧终点相对于圆弧起点的位移量。

数控车中圆弧插补 G02/G03 的判断是以观察者迎着 Y 轴的指向所面对的平面。

由于数控车床有后置刀架和前置刀架种类之分,因此,因坐标系的不同而产生圆弧方向的变化。但不管是前置刀架还是后置刀架,程序都是一样的,即对于外圆加工,凸圆都是 G03,凹圆都是 G02,如图 2-11 所示。

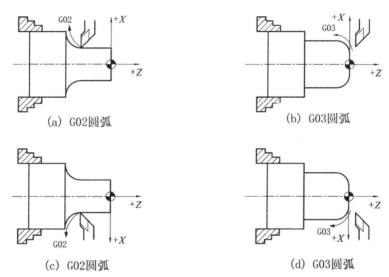

图 2-11　G02/G03 圆弧插补方向的判断

例:如图 2-12 所示,用圆弧插补指令编程。

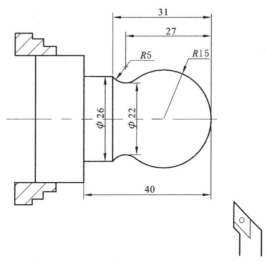

图 2-12　G02/G03 编程实例

程序：

段号	程序段	程序段的意义
% 0003		程序号
N01	T0101	在安全位置换 1 号外圆刀调 1 号刀补值
N02	G00 X40 Z5	快速接近工件至加工起点位置
N03	M03 S500	主轴正转,转速 500r/min
N04	G00 X0	到达工件中心
N05	G01 Z0 F60	刀具接触工件毛坯
N06	G03 U24 W-24 R15	加工 R15 圆弧段
N07	G02 X26 Z-31 R5	加工 R5 圆弧段
N08	G01 Z-40	加工 R26 外圆
N09	X40	X 轴方向退刀离开加工表面
N10	Z5	Z 轴方向退刀至加工起点处
N11	M05	主轴停止
N12	M30	程序停止并返回程序起始

R 为圆弧半径,当圆弧圆心角小于 180°时,R 为正值。当圆弧圆心角大于 180°时,R 为负值。

F 为圆弧加工时两个轴的合成进给速度。

I、K 为圆心在 X、Z 轴方向上相对于始点的坐标增量(等于圆心的坐标减去圆弧起点的坐标),在 G90/G91 时都是以增量方式来指定。无论是直径编程还是半径编程,I 均为半径量,当 I、K 为 0 时可以省略,如图 2-13 所示。

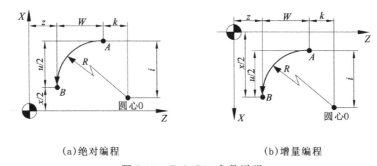

(a)绝对编程　　　　　　　　　　(b)增量编程

图 2-13　G02、G03 参数说明

注意：①顺时针或逆时针是从垂直于圆弧所在平面的坐标轴的正方向看到的回转方向。②同时编入 R 与 I、K 时,R 有效。

4. 螺纹切削 G32

格式：G32　X(U)__　Z(W)__　R__　E__　P__　F__

说明：X、Z 为绝对编程时,有效螺纹终点在工件坐标系中的坐标值；U、W 为增量编程时,有效螺纹终点相对于螺纹切削起点的位移量；F 为导程,即主轴每转一圈,刀具相对于工件的进给量；R、E 为螺纹加工的退尾量,R 为 Z 轴的退尾量,E 为 X 轴的退尾量。加工路径为 $A \rightarrow B$。

使用 G32 指令能加工圆柱螺纹、锥螺纹和端面螺纹。图 2-14 所示为锥螺纹切削时各参数的意义。图中 δ 为升速段。

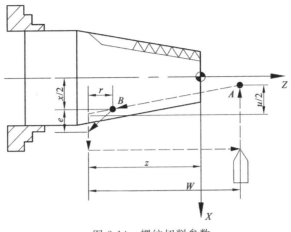

图 2-14　螺纹切削参数

注意：①在螺纹加工轨迹中应设置足够的升速段和降速退刀段，以消除伺服滞后造成的螺距误差；②在螺纹切削过程中进给修调无效；③螺纹加工时主轴必须旋转。从粗加工到精加工，主轴的转速必须保持一常数；在没有停止主轴的情况下，停止螺纹的切削将非常危险；④在螺纹加工中不得使用恒定线速度控制功能；⑤R 为 2 倍的螺距，E 为牙型高。

提示：常用螺纹切削的进给次数与吃刀量如表 2-5 所示。

表 2-5　常用螺纹切削的进给次数与吃刀量　　　　　　　　　　单位：mm

公制螺纹								
螺距		1.0	1.5	2	2.5	3	3.5	4
牙深（半径量）		0.649	0.974	1.299	1.624	1.949	2.273	2.598
（直径量）切削次数及吃刀量	1 次	0.7	0.8	0.9	1.0	1.2	1.5	1.5
	2 次	0.4	0.6	0.6	0.7	0.7	0.7	0.8
	3 次	0.2	0.4	0.6	0.6	0.6	0.6	0.6
	4 次		0.16	0.4	0.4	0.4	0.6	0.6
	5 次			0.1	0.4	0.4	0.4	0.4
	6 次				0.15	0.4	0.4	0.4
	7 次					0.2	0.2	0.4
	8 次						0.15	0.3
	9 次							0.2

续表 2-5

英制螺纹							
每英寸牙数	24	18	16	14	12	10	8
牙深(半径量)	0.678	0.904	1.016	1.162	1.355	1.626	2.033
（直径量）切削次数及吃刀量	1 次	0.8	0.8	0.8	0.8	0.9	1.0	1.2
	2 次	0.4	0.6	0.6	0.6	0.6	0.7	0.7
	3 次	0.16	0.3	0.5	0.5	0.6	0.6	0.6
	4 次		0.11	0.14	0.3	0.4	0.4	0.5
	5 次				0.13	0.21	0.4	0.5
	6 次						0.16	0.4
	7 次							0.17

例：编制如图 2-15 所示的圆柱螺纹的加工程序。导程为 1.5mm，其牙深 0.974mm（半径值）三次背吃刀量（直径值）为 0.7mm、0.4mm、0.2mm，，降速段为 1.5mm、1mm。

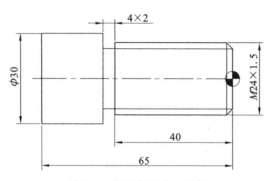

图 2-15　圆柱螺纹编程实例

程序：

段号	程序段	程序段的意义
% 3019		程序号
N01	T0101	在安全位置换 1 号螺纹刀调 1 号刀补值
N02	M03 S460	主轴正转，转速 460r/min
N03	G00 X29.3 Z1.5	刀具快速移动到螺纹切削起点位置，切削深度为 0.8mm
N04	G32 Z-42 F1.5	切削螺纹到螺纹终点，降速段为 1mm
N05	G00 X32	X 轴方向快速退刀离开加工表面
N06	Z1.5	Z 轴方向快速退回到螺纹起点处
N07	X28.9	X 轴方向快速进刀至螺纹起点处，切削深度为 0.6mm
N08	G32 Z-42 F1.5	切削螺纹至螺纹终点
N09	G00 X32	X 轴方向快速退刀离开加工表面
N10	Z1.5	Z 轴方向快速退回到螺纹起点处
N11	X28.7	X 轴方向快速进刀至螺纹起点处，切削深度为 0.4mm
N12	G32 Z-42 F1.5	切削螺纹至螺纹终点
N13	G00 X32	X 轴方向快速退刀离开加工表面
N14	X50 Z120	刀具快速回到对刀点位置
N15	M05	主轴停止
N16	M30	程序停止并返回程序起始

提示:G32 螺纹加工指令一般用于精加工程序或加工余量小、走刀次数少的场合。而在更多时候采用后面学习的简单固定循环 G82 指令进行螺纹加工。

2.3.5 简单循环

切削循环通常是用一个含 G 代码的程序段完成用多个程序段指令的加工操作,使程序得以简化。

HNC-21T 系统有以下 3 类简单循环:G80 指内(外)径切削循环;G81 指端面切削循环;G82 指螺纹切削循环。

1. 内(外)径切削循环 G80

1)圆柱面内(外)径切削循环

格式:G80 X(U)__ Z(W)__ F __

说明:该指令执行如图 2-17 所示 $A \to B \to C \to D \to A$ 的轨迹动作。其中,绝对值编程时,X、Z 为切削终点 C 在工件坐标系下的坐标值;如增量编程时,X、Z 为切削终点 C 相对于循环起点 A 的有向距离,在图 2-16 中用 U、W 表示。

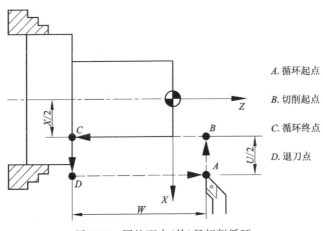

图 2-16 圆柱面内(外)径切削循环

2)圆锥面内(外)径切削循环

格式:G80 X(U)__ Z(W)__ I __ F __

说明:该指令执行如图 2-17 所示 $A \to B \to C \to D \to A$ 的轨迹动作。

其中:X、Z 同上述一样,I 值为切削始点 B 与切削终点 C 的半径差。当算术值为正时,I 取正值;为负时,I 取负值,I 为模态值。绝对值编程时,X、Z 为切削终点 C 在工件坐标系下的坐标值;增量编程时,X、Z 为切削终点 C 相对于循环起点 A 的有向距离,在图 2-17 中用 U、W 表示。

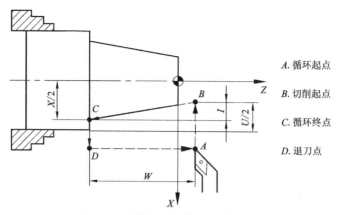

图 2-17 圆锥面内(外)径切削循环

例：用 G80 指令编程如图 2-18 所示的简单圆锥零件。

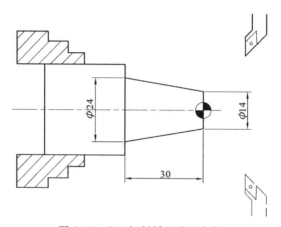

图 2-18 G80 切削循环编程实例

程序：

段号	程序段	程序段的意义
%3019		程序号
N01	T0101	在安全位置换 1 号外圆刀调 1 号刀补值
N02	M03 S460	主轴正转,转速 460r/min
N03	G00 X30 Z3	刀具快速移动至循环起点处
N04	G91 G80 X-10 Z-33 I-5.5 F100	相对值编程,第一次循环,吃刀深度为3mm
N05	X-13 Z-33 I-5.5	第二次循环,吃刀深度为3mm
N06	X-16 Z-33 I-5.5	第三次循环,吃刀深度为3mm
N08	G00 X50 Z100	刀具快速回到换刀点位置
N09	M30	主轴停止,主程序结束并复位

2. 端面切削循环指令 G81

1) 端面切削循环

格式：G81　X(U)__ Z(W)__ F__

说明：该指令执行如图 2-19 所示 A→B→C→D→A 的轨迹动作。

其中：绝对值编程时，X、Z 为切削终点 C 在工件坐标系下的坐标值；如增量编程时，X、Z 为切削终点 C 相对于循环起点 A 的有向距离，在图 2-19 中用 U、W 表示，其符号由轨迹 1R 和 2F 的方向确定。

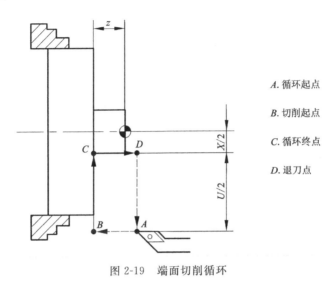

A. 循环起点
B. 切削起点
C. 循环终点
D. 退刀点

图 2-19　端面切削循环

2) 圆锥端面切削循环

格式：G81　X(U)__ Z(W)__ K__ F__

说明：该指令执行如图 2-20 所示 A→B→C→D→A 的轨迹动作。

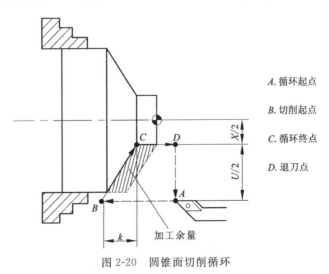

A. 循环起点
B. 切削起点
C. 循环终点
D. 退刀点

图 2-20　圆锥面切削循环

3.螺纹切削循环 G82 指令
1)直螺纹切削循环
格式：G82 X(U)＿ Z(W)＿ R＿ E＿ C＿ P＿ F＿
说明：X、Z 为 C 点的坐标值，或 C 点相对 A 点的增量值。

R、E 为 Z、X 轴向螺纹收尾量，为增量值。

P 为相邻螺纹头的切削起点之间对应的主轴转角。

F 为螺纹导程。

C 为螺纹头数。

该指令执行如图 2-21 所示 $A→B→C→D→E→A$ 的加工轨迹动作。

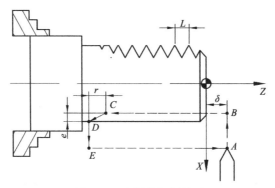

图 2-21　直螺纹切削循环

例：用 G82 指令编制如图 2-22 所示双头直螺纹程序。

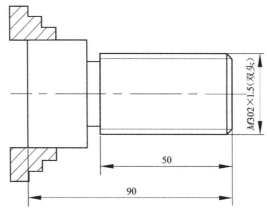

图 2-22　G82 切削循环编程实例

程序：

段号	程序段	程序段的意义
% 3019		程序号
N01	T0101	在安全位置换 1 号外圆刀调 1 号刀补值
N02	M03 S460	主轴正转，转速 460r/min
N03	G00 X35 Z3	刀具快速接近工件至循环起点

N04	G82 X29.2 Z52 C2 P180 F3	第一次循环切削螺纹,切削深度 0.8mm
N05	X28.6 Z52 C2 P180 F3	第二次循环切削螺纹,切削深度 0.4mm
N06	X28.2 Z52 C2 P180 F3	第三次循环切削螺纹,切削深度 0.4mm
N08	X28.04 Z52 C2 P180 F3	第四次循环切削螺纹,切削深度 0.16mm
N09	G00 X50 Z100	刀具快速移动至换刀点位置
N10	M30	主轴停止,主程序结束并复位

2)锥螺纹切削循环

格式:G82 X__ Z__ I__ R__ E__ C__ P__ F__

说明:X、Z 为 C 点的坐标值,或 C 点相对 A 点的增量值。

R、E 为 Z、X 轴向螺纹收尾量,为增量值。可省略。

I 为螺纹起点 B 与螺纹终点 C 的半径差。其符号为差的符号(无论是绝对值编程还是相对值编程)。

P 为相邻螺纹头的切削起点之间对应的主轴转角。

F 为螺纹导程。

C 为螺纹头数。

该指令执行如图 2-23 所示 A→B→C→D→A 的加工轨迹动作。

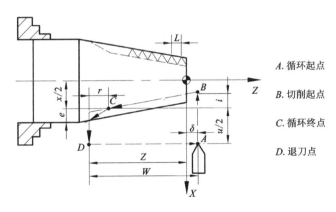

图 2-23 锥螺纹的切削循环

2.3.6 复合循环

运用这组复合循环指令,只需指定精加工路线和粗车加工的吃刀量,系统会自动计算加工路线和走刀次数。

HNC-21T 系统有 4 种复合循环,分别为:G71 指内、外径粗车复合循环;G72 指端面粗车复合循环;G73 指封闭轮廓复合循环;G76 指螺纹切削复合循环。

下面简单介绍常用复合循环 G71、G72 指令的应用。

1. 外径粗加工循环 G71 指令

格式：G71　U(Δd) R(e) P(ns) Q(nf) X(Δx) Z(Δz) F(f) T(t) S(s)

说明：Δd 为切削深度（每次切削量），指定时不加符号，方向由矢量 AA 决定。

e 为每次退刀量。

ns 为精加工路径第一程序段。

nf 为精加工路径最后程序段。

Δx 为 X 方向精加工余量。

Δz 为 Z 方向精加工余量。

F、s、t 为粗加工时 G71 中编程的 F、S、T 有效，而精加工时处于 ns 到 nf 程序段之间的 F、S、T 有效。

该指令执行如图 2-24 所示的粗加工，并且刀具回到循环起点。其中，精加工路径 A→A'→B→B' 的轨迹按后面的指令循环执行。

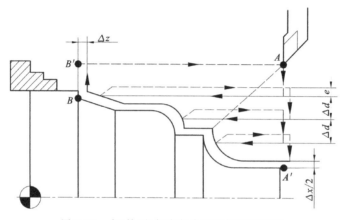

图 2-24　内（外）径粗车复合循环加工路径图

例：用复合循环指令 G71 编制如图 2-25 所示零件的加工程序。要求切削深度为 1.5mm，退刀量为 1mm，X 方向精加工余量为 0.4mm，Z 方向精加工余量为 0.1mm。

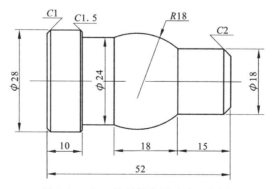

图 2-25　G71 外径复合循环编程实例

程序：

段号	程序段	程序段的意义
% 3331		程序号
N01	T0101	在安全位置换1号外圆刀调1号刀补值
N02	M03 S460	主轴正转，转速460r/min
N03	G00 X32 Z0	刀具快速到循环起点位置
N04	G71 U1.5 R1 P5 Q12 X0.4 Z0.1 F60	外径粗车循环加工，粗切量：1.5mm；精切量：X 0.4mm，Z 0.1mm
N05	G00 X0	精加工轮廓起始行，到倒角延长线
N06	G01 X18 C2	精加工2×45°倒角
N07	Z-15	精加工Φ18外圆
N08	G03 U6 W-18 R18	精加工R18圆弧
N09	G01 W-7	精加工Φ24外圆
N10	X25	精加工端面至倒角起点处
N11	U3 C1.5	精加工1.5×45°角
N12	Z-52	精加工Φ28外圆，精加工轮廓结束行
N13	X50	退出已加工表面
N14	G00 X80 Z80	刀具快速回到换刀点位置
N15	M05	主轴停止
N16	M30	程序停止并返回程序起始

2. 端面粗车复合循环G72指令

格式：G72　W(Δd) R(e) P(ns) Q(nf) X(Δx) Z(Δz) F(f) T(s) S(t)

说明：Δd 为切削深度（每次切削量），指定时不加符号，方向由矢量AA决定。

　　　e 为每次退刀量。

　　　ns 为精加工路径第一程序段。

　　　nf 为精加工路径最后程序段。

　　　Δx 为X方向精加工余量。

　　　Δz 为Z方向精加工余量。

　　　F、s、t 为粗加工时G71中编程的F、S、T有效，而精加工时处于ns到nf程序段之间的F、S、T有效。

该循环与G71的区别仅在于切削方向平行于X轴。该指令执行如图2-26所示的粗加工和精加工，其中精加工路径为$A \rightarrow A' \rightarrow B \rightarrow B'$的轨迹。

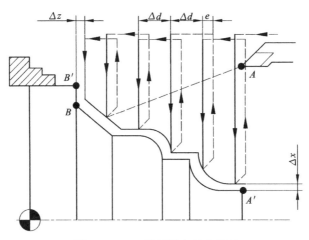

图 2-26 G72 端面粗车复合循环

例如,用复合循环指令 G72 编制如图 2-27 所示的加工程序。要求切削深度为 3mm;退刀量 1mm;X 方向精加工余量为 0.4mm;Z 方向精加工余量为 0.5mm。

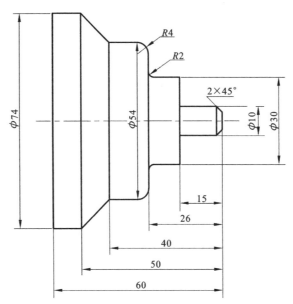

图 2-27 G72 端面粗车复合循环编程实例

程序:

段号	程序段	程序段的意义
% 3332		程序号
N01	T0101	在安全位置换 1 号外圆刀调 1 号刀补值
N02	M03 S460	主轴正转,转速 460r/min
N03	G00 X76 Z1	刀具快速到循环起点位置
N04	G72 W3 R1 P7 Q17 X0.4 Z0.5 F100	外端面粗切循环加工

N05	G00 X100 Z80	粗车后,刀具快速移动到换刀点位置
N06	G42 X80 Z1	加入刀尖圆弧半径补偿
N07	G00 Z-56	精加工轮廓开始,到锥面延长线处
N08	G01 X54 Z-40 F60	精加工锥面
N09	Z-30	精加工Φ54外圆
N10	G02 U-8 W4 R4	精加工R4圆弧
N11	G01 X30	精加工Z26处端面
N12	Z-15	精加工Φ30外圆
N13	U-16	精加工Z15处端面
N14	G03 U-4 W2 R2	精加工R2圆弧
N15	Z-2	精加工Φ10处外圆
N16	U-6 W3	精加工2×45°倒角,精加工轮廓结束
N17	G00 X50	退出已加工表面
N18	G40 X100 Z80	取消刀尖半径补偿,返回程序起始点位置
N19	M05	主轴停止
N20	M30	程序停止并返回程序起始

2.3.7 刀具补偿功能指令

数控车床的刀具补偿分为刀具的圆弧半径补偿和刀具的几何补偿。刀具的圆弧半径补偿由 G40、G41、G42 指定。刀具的几何补偿由 T 代码指定。

1. 刀尖圆弧半径补偿 G40、G41、G42

对于车削数控加工而言,由于车刀的刀尖通常是一段半径很小的圆弧,而假设的刀尖点(一般是通过对刀仪测量出来的)并不是刀刃圆弧上的一点,如图 2-28 所示,因此,在车削锥面、倒角或圆弧时,可能会造成切削加工不足(不到位)或切削过量(过切)的现象。图 2-29 描述了切削锥面时因切削加工不足而产生的加工误差。

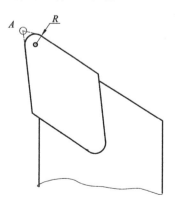

图 2-28 车刀的假设及刀刃圆弧

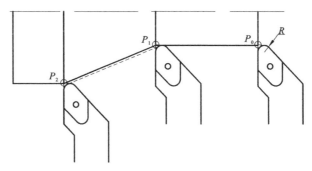

图 2-29 锥面车削不足产生的加工误差

图 2-29 中虚线表示实际切削表面。因此用车刀来切削加工锥面时,必须将假设的刀尖点的路径作适当的修正,使之切削加工出来的工件能获得正确的尺寸,这种修正方法称为刀尖半径补偿。

刀尖圆弧半径补偿是通过 G40、G41、G42 代码实现的,并由 T 代码指定刀尖圆弧半径补偿号。

格式:G40

G41

G42

说明:该组指令用于建立/取消刀具半径补偿。

其中:G40 为取消刀尖半径补偿。

G41 为左刀补(在刀具前进方向左侧补偿),如图 2-30 所示。

G42 为右刀补(在刀具前进方向右侧补偿),如图 2-30 所示。

X、Z 为 G00/G01 的参数,即建立刀补或取消刀补的终点。

G40,G41,G42 都是模态代码,可相互注销。

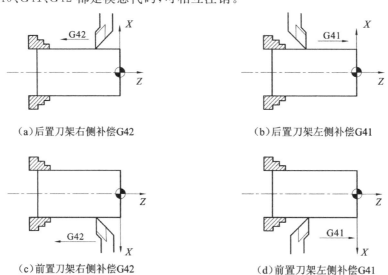

(a)后置刀架右侧补偿G42　　　　　　(b)后置刀架左侧补偿G41

(c)前置刀架右侧补偿G42　　　　　　(d)前置刀架左侧补偿G41

图 2-30 车削加工刀尖半径补偿

例：根据刀具的半径补偿，编制如图 2-31 所示零件的加工程序。

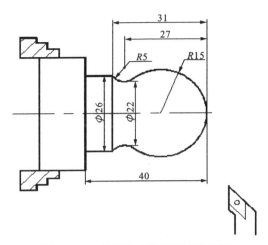

图 2-31　刀具圆弧半径补偿编程实例

程序：

段号	程序段	程序段的意义
% 2022		程序号
N01	T0101	在安全位置换 1 号外圆刀调 1 号刀补值
N02	M03 S460	主轴正转，转速 460r/min
N03	G00 X50 Z5	刀具快速接近工件
N04	G00 X0	刀具移动到工件中心
N05	G01 G42 Z0 F60	加入刀具圆弧半径补偿，刀具接触工件
N06	G03 U24 W-24 R15	加工 R15 圆弧段
N08	G02 X26 Z-31 R5	加工 R5 圆弧段
N09	G01 Z-40	加工 Φ26 圆弧段
N10	G00 X40	退出已加工表面
N11	G40 X50 Z5	取消半径补偿，返回程序起点位置
N12	M30	主轴停止，主程序结束并复位

2. 车刀的刀尖方位

刀尖圆弧半径补偿寄存器中，定义了车刀圆弧半径及刀尖的方向号。

车刀刀尖的方向号定义了刀具刀位点与刀尖圆弧中心的位置关系，根据前置刀架和后置刀架的方位，刀尖的位置相应有所改变。其中 0～9 有 10 个方向，如图 2-32 所示。

3. 刀具补偿

刀具补偿功能是用来补偿刀具实际安装位置与理论编程位置之差的一种功能。使用刀具补偿功能后，只需要改变刀具补偿值，而不为变更零件加工程序。刀具补偿分为刀具偏置补偿和刀具磨损补偿两种。

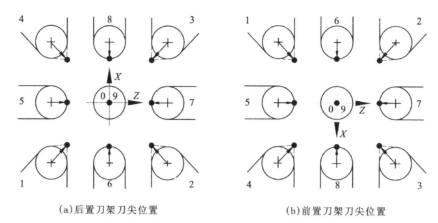

(a) 后置刀架刀尖位置　　　　　(b) 前置刀架刀尖位置

●代表刀具刀位点；+代表刀尖圆弧圆心 O

图 2-32　车刀刀尖位置码定义

1) 刀具偏置补偿

在编程时，由于刀具的几何形状及安装位置的不同，各个刀尖的位置是不一致的，其相对于工件原点的距离也是不同的。因此需要对各刀具的位置值进行比较或设定，这就是刀具偏置补偿。刀具偏置补偿有两种形式，即绝对刀具偏置补偿和相对刀具偏置补偿。刀具偏置补偿可使加工程序不随刀尖位置的不同而改变。下面以绝对补偿形式来讲述刀具偏置补偿。

如图 2-33 所示，绝对刀偏是指机床回到机床原点时，工件原点相对于刀架工作位置上各刀刀尖位置的有向距离。虽然刀架在机床原点时，各刀由于几何尺寸不一致，各刀到工件原点的距离不同，但各刀经过绝对刀偏补偿后，各刀建立的加工坐标系均与工件原点重合。

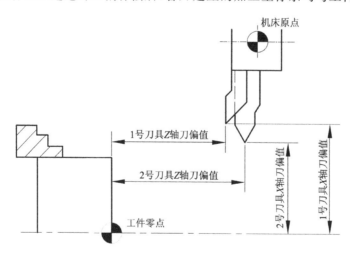

图 2-33　刀具偏置的绝对补偿形式

HNC-21T 系统可通过输入试切直径、长度值，自动计算工件零点相对于各刀刀位点的距离。其步骤如下。

(1) 按下刀具补偿子菜单下的"刀具偏置表"功能按键。

(2) 如图 2-34 所示，用各刀具试切工件端面，输入此时刀具在设立的工件坐标系下的 Z

轴坐标值(测量)。如编程时工件原点设在工件的前端面,及输入0(设0前不能有Z轴位移)。系统源程序通过公式 $D'_{机}=Z_{机}-Z_{工}$ 自动计算出工件原点相对于该刀具到位点的Z轴距离。

(3)用同一把刀具试切工件外圆,输入此时刀具在设立的工件坐标系下的X轴坐标值,以及试切后工件的直径值(设定之前不得有X轴位移)。系统源程序通过公式 $D'_{机}=Z_{机}-Z_{工}$ 自动计算出工件原点相对于该刀到位点的X轴距离。

(4)换另一把刀具,重复上述步骤,即可得到各刀具的绝对刀偏值,并自动输入到刀具偏置表中。

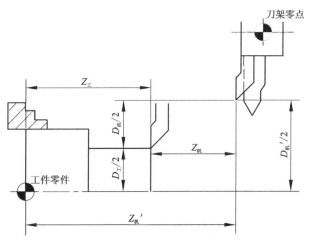

图 2-34 刀具偏置的绝对补偿值设定

2)刀具磨损补偿

在车削过程中,刀具一方面切下切屑,刀具本身也会逐渐磨损,即刀具磨损。当刀具在加工过程中出现磨损,就会造成加工精度的降低,为了达到零件的加工精度,应该对刀具进行磨损补偿,从而使精度达到标准。补偿的方法分为手动补偿和自动补偿。

(1)手动补偿法。在掌握了由于刀具磨损所产生的误差值后,手动叠加至各刀具的绝对刀偏值数据上。

(2)自动补偿法。包括:①在线测量自动补偿法;②宏程序自动补偿法。

2.4 数控车床操作规程

(1)实习时要按规定穿戴好工作服和防护帽。不准戴手套操作机床。

(2)未经实习指导人员许可不准擅自动用任何设备、电闸、开关和操作手柄,以免发生安全事故。

(3)实习中如有异常现象或发生安全事故应立即拉下电闸或关闭电源开关,停止实习,保留现场并及时报告指导人员,待查明事故原因并经指导人员许可后方可再进行实习。

(4)启动数控车系统前必须仔细检查以下各项:

①所有开关应处于非工作的安全位置。

②机床的润滑系统及冷却系统应处于良好的工作状态。

③检查加工区域有无搁放其他杂物,确保运转畅通。动手拆装前,检查发动机内是否有润滑油、冷却水,若有,则先放毕后再开始拆装。

(5)程序输入前必须严格检查程序的格式、代码及参数选择是否正确,学生编写的程序必须经指导教师检查同意后,方可进行输入操作。

(6)程序输入后必须首先进行加工轨迹的模拟显示,确定程序正确后,方可进行加工操作。

(7)主轴启动前应注意检查以下各项:

①必须检查变速手柄的位置是否正确,以保证传动齿轮的正常啮合。

②按照程序给定的坐标要求,调整好刀具的工作位置,检查刀具是否夹紧、刀具位置是否正确,以及刀尖旋转是否会撞击工件、卡盘及尾架等。

③禁止工件未夹紧就启动机床。

④调整好刀架的工作限位。

(8)操作数控车进行加工时应注意以下各项:

①加工过程不得拨动变速手柄,以免打坏齿轮。

②加工过程须盖好防护罩。

③必须保持精力集中,发现异常立即停车及时处理,以免损坏设备。

④装卸工件、刀具时,禁止用重物敲打机床部件。

⑤务必在机床停稳后,再进行工件测量、刀具检查、工件安装等项工作。

⑥操作者离开机床时,必须停止机床的运转。

(9)操作完毕必须关闭电气,清理工具,保养机床和打扫工作场地。

2.5 实习报告

1. 专业英语翻译

Horizontal-spindle Machining Center

Horizontal-spindle machining centers, or horizontal machining centers, are suitable for large as well as tall workpiece that require machining on a number of their surfaces. The pallet can be swiveled on different axes to various angular positions.

Another category of horizontal-spindle machines is turning centers, which are computer-controlled lathes with several features. A three-turret computer numerical-controlled turning center is shown in Figure 2-35. This machine is designed with two horizontal spindles and three turrets equipped with a variety of cutting tools used to perform several operations on a rotating workpiece.

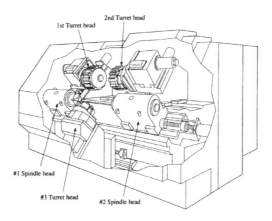

Figure 2-35　Schematic illustration of a three-turret, two-spindle computer numerical controlled turning center

2. 数控车削加工图 2-36 中 $A \to B$ 的轨迹时，分别用直径、半径编程的绝对编程法、相对编程法编制程序段。

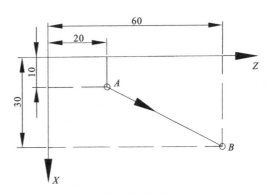

图 2-36　直线插补

3. 编制图 2-37、图 2-38、图 2-39 中各零件的加工程序。

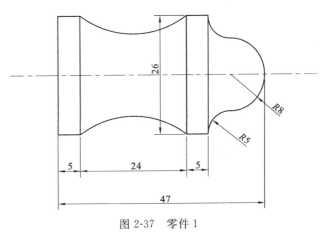

图 2-37　零件 1

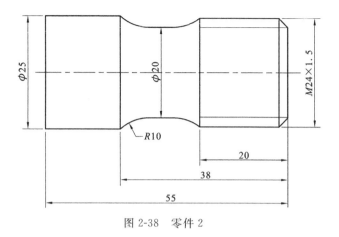

图 2-38 零件 2

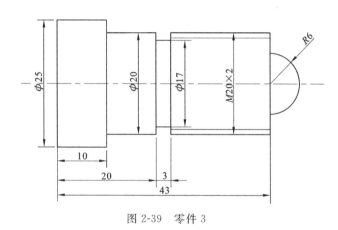

图 2-39 零件 3

第 3 章 数控铣削

3.1 数控铣床加工

3.1.1 数控铣床操作基础

数控铣床和普通铣床一样主要是采用铣削方式来加工零件。数控铣床除了能进行外形轮廓的铣削、平面的铣削以外,还能进行曲面型腔铣削及三维复杂型面的铣削,如凸轮、模具、叶片等。数控铣床除了 X、Y、Z 三轴外,还可配旋转工作台。旋转工作台可安装在机床工作台的不同位置,这给零件的加工带来了极大的方便。与普通铣床相比,数控铣床的加工精度高,稳定性好,特别适应于形状比较复杂的、精度要求较高的中、小批量零件的加工。

配置华中数控世纪星数控系统(HCNC-21M)的实习用铣床的结构如图 3-1 所示。

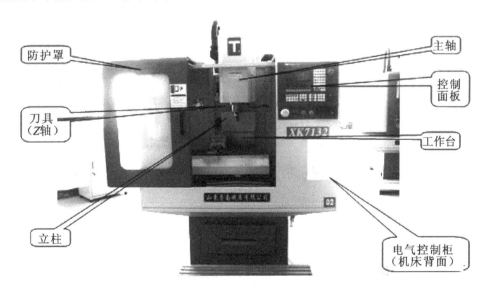

图 3-1 数控铣床结构图

图 3-2 为 HCNC-21M 铣床系统操作面板实物图,HCNC-21M 铣床系列的操作面板与数控车床的操作面板基本一致。它大致可分为:机床操作按键站、MDI 键盘按键站、功能软键站、显示屏。

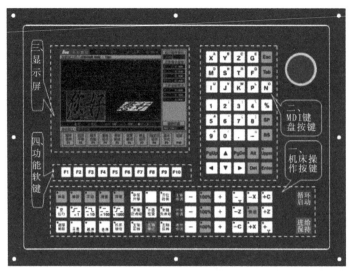

图 3-2 HCNC-21M 铣床系统操作面板

3.1.2 工作方式选择按键

数控系统通过工作方式键(图 3-3),对操作机床的动作进行分类。在选定的工作方式下,只能做相应的操作。例如在"手动"工作方式下,只能做手动移动机床轴、手动锁住机床等工作,不可能做连续自动的工件加工。同样,在"自动"工作方式下,只能连续自动加工工件或模拟加工工件,不可能做手动移动机床轴,手动锁住机床等工作。各工作方式的工作范围介绍见表 3-1。

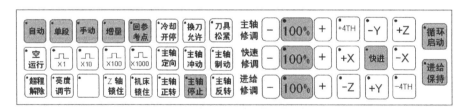

图 3-3 工作方式选择按键

表 3-1 面板按键功能

功能键	功能说明
自动	"自动"工作方式下:自动连续加工工件;模拟加工工件;在 MDI 模式下运行指令
单段	"单段"工作方式下:自动逐段地加工工件(按一次"循环启动"键,执行一个程序段,直到程序运行完成);MDI 模式下运行指令

续表 3-1

功能键	功能说明
手动	"手动"工作方式下：通过机床操作键可手动换刀，手动移动机床各轴，手动松紧刀具，主轴正反转
增量	"增量"工作方式下：定量移动机床坐标轴，移动距离由倍率调整（当倍率为"×1"时，定量移动距离为 1 μm。可控制机床精确定位，但不连续）。 "手摇"工作方式下：当手持盒打开后，"增量"方式变为"手摇"。倍率仍有效。可连续精确控制机床的移动，机床进给速度受操作者手动速度和倍率控制
回参考点	"回参考点"工作方式下：可手动返回参考点，建立机床坐标系。 注意：机床开机后应首先进行回参考点操作

3.1.3 机床操作按键

机床操作按键如图 3-3 所示，各功能解释见表 3-2。

表 3-2 机床操作按键功能

功能键	功能说明
循环启动	自动加工过程中，按下该键后，机床上刀具相对工件的进给运动停止，但机床的主运动并不停止。再按下"循环启动"键后，继续运行下面的进给运动
机床锁住	"手动""手摇"工作方式下，按下该键后，机床的所有实际动作无效（不能手动、自动控制进给轴、主轴、冷却等实际动作），但指令运算有效，故可在此状态下模拟运行程序。 注意：在自动、单段运行程序或回零过程中，锁住或打开该键都是无效的
超程解除	当机床超出安全行程时，行程开关撞到机床上的挡块，切断机床伺服强电，机床不能动作，起到保护作用。如要重新工作，需一直按下该键，接通伺服电源，同时再在"手动"方式下，反向手动移动机床，使行程开关离开挡块
刀具松紧	"手动"工作方式下，按下该键，刀具松开或夹紧，完成上刀或下刀
主轴反转	"手动""手摇"工作方式下，按下该键后，主轴反转。但正在正转的过程中，该键无效
主轴正转	"手动""手摇"工作方式下，按下该键后，主轴正转。但正在反转的过程中，该键无效

续表 3-2

功能键	功能说明
 主轴停止	按下该键后，主轴停止旋转。机床正在做进给运动时，该键无效
 冷却开停	"手动"工作方式下，按下该键冷却泵开，解除则关
 空运行	如选择了此功能。在"自动"工作方式下，按下该键后，机床以系统最大快移速度运行程序。 注意：(1)使用时注意坐标系间的相互关系，避免发生碰撞。(2)在实际加工中必须关闭该功能，否则可能造成危险
 − 100% +	通过该 3 个速度修调按键，对主轴转速、G00 快移速度、工作进给或手动进给速度进行修调
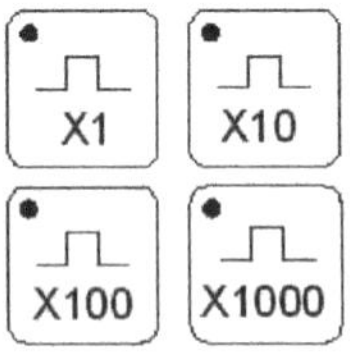 X1 X10 X100 X1000	倍率选择键："增量"和"手摇"工作方式下有效。通过该类键选定定量移动的距离量
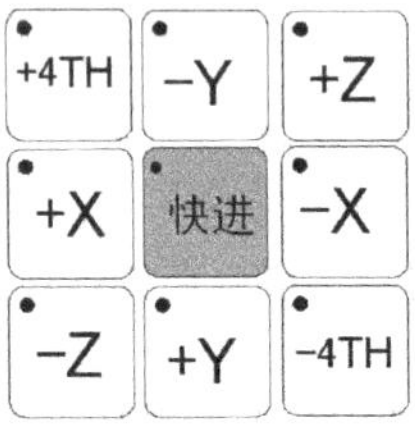 +4TH −Y +Z +X 快进 −X −Z +Y −4TH	"手动""增量"和"回零"工作方式下有效。 "增量"时：确定机床定量移动的轴和方向。 "手动"时：确定机床移动的轴和方向。通过该类按键，可手动控制刀具或工作台移动。移动速度由系统最大加工速度和进给速度修调按键确定。 当同时按下方向轴和"快进"按键时，以系统设定最大加工速度移动
 进给保持	自动加工过程中，按下该键后，机床上刀具相对工件的进给运动停止，但机床的主运动并不停止。再按下"循环启动"键后，继续运行下面的进给运动

3.1.4 计算机键盘按键站

计算机键盘按键站如图 3-4 所示，按键功能同计算机键盘按键功能一样，包括字母键、数字键、编辑键等。部分按键的功能如表 3-3 所示。

第 3 章 数控铣削

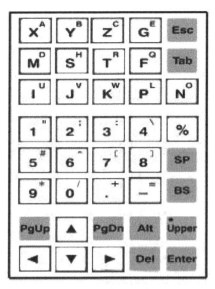

图 3-4　MDI 键盘键

表 3-3　MDI 键盘按键功能

功能键	功能说明
Esc	退出当前窗口
SP	光标向后移并空一格
BS	光标向前移并删除前面字符
PgUp	向前翻页
PgDn	向后翻页
Upper	上档有效
Del	删除当前字符
Enter	确认（回车）
▲▼◀▶	移动光标的方向键

3.1.5 显示屏

HCNC-21M 数控铣床的软件操作界面如图 3-5 所示。

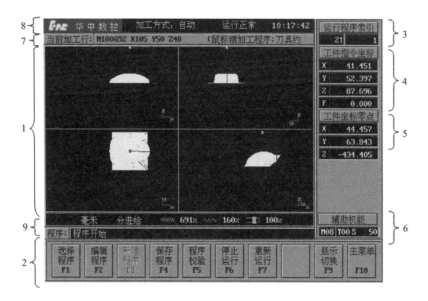

图 3-5 数控铣床的软件操作界面

系统界面各区域内容如下。

1. 图形显示窗口。可以根据需要，用功能键 F9 设置窗口的显示模式。
2. 菜单命令条。通过菜单命令条中的功能键 F1～F10 来完成系统功能的操作。
3. 运行程序索引。自动加工中的程序名和当前程序段行号。
4. 刀具在选定坐标系下的坐标值。坐标系可在机床坐标系/工件坐标系相对坐标系之间切换；显示值可在指令位置实际位置/剩余进给/跟踪误差/负载电 w/补偿值之间切换（负载电流只对 11 型伺服有效）。
5. 工件坐标零点。工件坐标系零点在机床坐标系下的坐标。
6. 辅助机能。自动加工中的 M、S、T 代码。
7. 当前加工程序行。当前正在或将要加工的程序段。
8. 当前加工方式、系统运行状态及当前时间。工作方式：系统工作方式根据机床控制面板上相应按键的状态可在自动（运行）、单段（运行）、手动（运行）、增量（运行）、回零、急停、复位等之间切换。运行状态：系统工作状态在"运行正常"和"出错"间切换。系统时钟：当前系统时间。
9. 公制/英制编程、每分进给/每转进给、快速修调、进给修调、主轴修调。

3.1.6 功能软键

系统界面中最重要的一块是菜单命令条。操作者通过操作命令条 F1～F10 菜单所对应的 F1～F10 功能软键(图 3-6),完成系统的主要功能。

图 3-6 功能软键

由于菜单采用层次结构,即在主菜单下选择一个菜单项后,数控装置会显示该功能下的子菜单,故按下同一个功能软键,在不同菜单层时,其功能不同。用户应根据操作需要及菜单显示功能,操作对应的功能软键。该系统基本功能菜单结构如下所示。

1. 第一级菜单

主菜单									
F1 程序	F2 运行控制	F3 MDI 功能	F4 刀具补偿	F5 设置	F6 故障诊断	F7 DMC 通信	F8	F9 显示切换	F10 扩展菜单

2. 第二级菜单

F1 程序									
F1 选择程序	F2 编辑程序	F3	F4 保存程序	F5 程序校验	F6 停止运行	F7 重新运行	F8	F9 显示切换	F10 主菜单

F2 运行控制									
F1 指定行运行	F2	F3	F4	F5 保存断点	F6 恢复断点	F7	F8	F9 显示切换	F10 返回

F3 MDI									
F1 MDI 停止	F2 MDI 清除	F3	F4 回程序起点	F5	F6	F7 返回断点	F8 重新对刀	F9	F10 返回

F4 刀具补偿									
F1 刀库表	F2 刀补表	F3	F4	F5	F6	F7	F8	F9 显示切换	F10 返回

F5 设置									
F1 坐标系设定	F2 图形参数	F3 设置显示	F4 网络	F5 串口参数	F6 X轴清零	F7 Y轴清零	F8 Z轴清零	F9 显示切换	F10 返回

F6 故障诊断									
F1	F2 运行统计	F3 预设统计值	F4	F5	F6 报警显示	F7 错误历史	F8	F9 显示切换	F10 返回

F10 扩展菜单									
F1 PLC	F2 蓝图编程	F3 参数	F4 版本信息	F5	F6 注册	F7 帮助信息	F8 后台编辑	F9 显示切换	F10 返回

3. 第三级菜单

F5 设置→F1 坐标系设定									
F1 G54 坐标系	F2 G55 坐标系	F3 G56 坐标系	F4 G57 坐标系	F5 G58 坐标系	F6 G59 坐标系	F7 工件坐标系	F8 相对值零点	F9	F10 返回

F10 扩展菜单→F1 PLC									
F1 装入 PLC	F2 编辑 PLC	F3 输入输出	F4 状态显示	F5	F6	F7 备份 PLC	F8	F9 显示切换	F10 返回

F10 扩展菜单→F3 参数									
F1 参数索引	F2 修改口令	F3 输入口令	F4	F5 置出厂值	F6 恢复前值	F7 备份参数	F8 装入参数	F9	F10 返回

F10 扩展菜单→F8 后台编辑									
F1	F2 文件选择	F3 新建文件	F4 保存文件	F5	F6	F7	F8	F9	F10 返回

3.1.7 数控铣床准备功能 G 代码

数控铣床准备功能 G 代码与数控车床的 G 代码稍有不同,表 3-4 为 HCNC-21M 系统 G 代码的应用。

表 3-4 数控铣床准备功能代码表

G 代码	组	功能	后续地址字
★G00	01	快速定位	X,Y,Z,A,B,C,U,V,W
G01		直线插补	同上
G02		顺圆插补	X,Y,Z,U,V,W,I,J,K,R
G03		逆圆插补	同上
G04	00	暂停	P
G07		虚轴指定	X,Y,Z,A,B,U,V,W
G09		准停校验	
★G17	02	X(U)Y(V)平面选择	X,Y,U,V
G18		Z(W)X(U)平面选择	X,Z,U,W
G19		Y(V)Z(W)平面选择	Y,Z,V,W
G20	08	英寸输入	
★G21		毫米输入	
G22		脉冲当量	
G24	03	镜像开	X,Y,Z,A,B,C,U,V,W
★G25		镜像关	
G28	00	返回到参考点	X,Y,Z,A,B,C,U,V,W
G29		由参考点返回	同上
G33	01	螺纹切削	X,Y,Z,A,B,C,U,V,W,F,Q
★G40	09	刀具半径补偿取消	
G41		左刀补	D
G42		右刀补	D
G43	10	刀具长度正向补偿	H
G44		刀具长度负向补偿	H
★G49		刀具长度补偿取消	
★G50	04	缩放关	
G51		缩放开	X,Y,Z,P
G52	00	局部坐标系设定	X,Y,Z,A,B,C,U,V,W
G53		直接机床坐标系编程	
★G54	11	工件坐标系1选择	
G55		工件坐标系2选择	

续表 3-4

G 代码	组	功能	后续地址字
G56	11	工件坐标系 3 选择	
G57		工件坐标系 4 选择	
G58		工件坐标系 5 选择	
G59		工件坐标系 6 选择	
G60	00	单方向定位	X,Y,Z,A,B,C,U,V,W
G61	12	精确停止校验方式	
★G64		连续方式	
G65	00	子程序调用	P,A~Z
G68	05	旋转变换	X,Y,Z,P
★G69		旋转取消	
G73	06	深孔钻削循环	X,Y,Z,P,Q,R
G74		逆攻丝循环	同上
G76		精镗循环	同上
★G80		固定循环取消	同上
G81		定心钻循环	同上
G82		钻孔循环	同上
G83		深孔钻循环	同上
G84		攻丝循环	同上
G85		镗孔循环	同上
G86		镗孔循环	同上
G87		反镗循环	同上
G88		镗孔循环	同上
G89		镗孔循环	同上
★G90	13	绝对值编程	
G91		相对值编程	
G92	11	工件坐标系设定	X,Y,Z,A,B,C,U,V,W
★G94	14	每分钟进给	
G95		每转进给	
G98	15	固定循环返回到起始点	
★G99		固定循环返回到 R	

注:(1)表中带"★"号的表示该 G 代码为缺省值。

(2)00 组中的 G 代码是非模态的,其他组的 G 代码是模态的。

1.坐标系的有关指令

1)绝对值编程 G90 与相对值编程 G91

格式:G90

　　　G91

说明:G90 为绝对值编程,每个编程坐标轴上编程值是相对于程序原点的。

G91 为相对值编程,每个编程坐标轴上的编程值是相对于前一位置而言的,该值等于沿轴移动的距离,因此也称增量值编程。

G90、G91 为模态功能,可相互注销,G90 为缺省值。

例:如图 3-7 所示,使用 G90、G91 编程,要求刀具由原点按顺序移动到 1、2、3 点,然后回到原点。

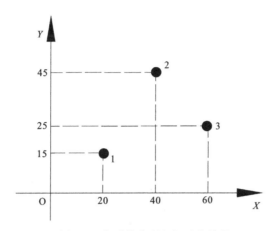

图 3-7　绝对值编程与相对值编程

相应的数控代码为:

G90 编程	G91 编程
% 0001	% 0001
M03　S500	M03　S500
N01 G92 X0 Y0 Z20	N01 G92 X0 Y0 Z20
N02 G90 G01 X20 Y15	N02 G91 G01 X20 Y15
N03　X40　Y45	N03　X20 Y30
N04　X60　Y25	N04　X20 Y-20
N05　G00 X0 Y0	N05 G90 G00 X0 Y0
N06　M30	N06 M30

2)工件坐标系设定 G92

格式:G92　X__　Y__　Z__

说明:G92 通过设定对刀点与工件坐标系原点的相对位置建立工件坐标系。

其中:X、Y、Z 分别为设定的工件坐标系原点(程序原点)到刀具起点(对刀点)的有向距离。

执行该指令时,刀具当前点必须恰好在对刀点上,否则加工出来的产品就会不合格或报废,甚至出现危险。因此,在实际操作时怎样使两点重合,由操作时对刀完成。

X、Z 值的确定,即确定对刀点在工件坐标系下的坐标值。其选择的一般原则为:① 方便数学计算和简化编程;② 容易找正对刀;③ 便于加工检查;④ 引起的加工误差小;⑤不要与机床、工件发生碰撞;⑥ 方便拆卸工件;⑦ 空行程不要太长。

例:如图 3-8 所示,使用 G92 编程,建立工件坐标系:G92 X30 Y30 Z20。

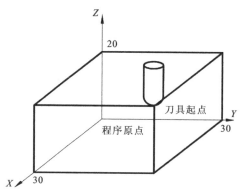

图 3-8 工件坐标系的建立

注意:①执行此段程序只是建立在工件坐标系中刀具起点相对于程序原点的位置,刀具并不产生运动;②执行此段程序之前必须保证刀位点与程序起点(对刀点)符合;③G92 指令必须单独一个程序段指定,并放在程序的首段。

3)工件坐标系选择 G54—G59

格式:G54、G55、G56、G57、G58、G59

说明:G54～G59 是系统预定的 6 个工件坐标系(图 3-9),可根据需要任意选用。这 6 个预定工件坐标系的原点在机床坐标系中的值(工件零点偏置值)可用 MDI 方式输入,系统自动记忆。

工件坐标系一旦选定,后续程序段中的绝对值、编程时的指令值均为相对此工件坐标系原点的值。

G54～G59 为模态功能,可相互注销,G54 为缺省值。

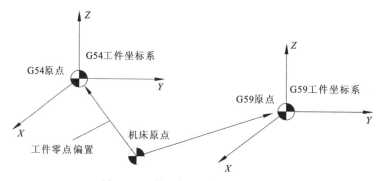

图 3-9 工件坐标系选择(G54—G59)

例:如图 3-10 所示,用 G54—G59 建立工件坐标系方式编程。

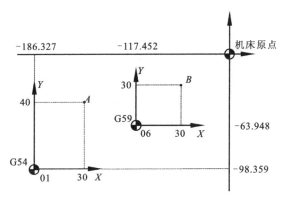

图 3-10 G54—G59 编程实例

相应数控程序为:

```
% 0001(当前点 A-B-01)
N01             G54 G00 G90 X30 Y40
N02             G59
N03             G00 X30 Y30
N04             G54
N05             X0 Y0
N06             M30
```

注意:

(1)G92 指令需后续坐标值指定刀具起点在当前工件坐标系中的坐标值,因此须单独一个程序段指定,该程序段中尽管有位置指令值,但并不产生运动,在使用 G92 指令前,必须保证刀具回到加工起始点即对刀点。

(2)使用 G54—G59 建立工件坐标系时,该指令可单独指定,也可与其他指令同段指定。使用该指令前,先用 MDI 方式输入该坐标系坐标原点在机床坐标系中的坐标值,使用 G54 指令在开机前,必须回过一次参考点。

4)直接机床坐标系编程 G53

格式:G53

在含有 G53 指令的程序段中,用绝对值编程(G90)的移动指令位置就是在机床坐标系中(相对于机床原点)的坐标值。

G53 指令仅在其被规定的程序段中有效。

5)坐标平面选择指令

格式:G17

　　　G18

G19

说明:G17 指令指定零件在 XY 平面上加工。

G18 指令指定零件在 XZ 平面上加工。

G19 指令指定零件在 YZ 平面上加工。

这些指令在进行圆弧插补、刀具补偿时必须使用。但如果数控系统只有在一个坐标平面上的加工功能时,则在程序中可省略这些指令。

2.进给控制指令

1)快速定位 G00

格式:G00　X__　Y__　Z__

说明:X、Z、Y 快速定位终点,在 G90 时为终点在工件坐标系中的坐标;G91 时为终点相对于起点的位移量。

G00 指令中的快移速度由机床参数"快移进给速度"对各轴分别进行设定,不能用 F 规定。

G00 一般用于加工前快速定位或加工后快速退刀。快移速度可由面板上的快速修调旋扭修正。

2)线性插补 G01

格式:G01　X__　Y__　Z__　F__

说明:X、Y、Z 为线形进给终点,在 G90 时为终点在工件坐标系中的坐标值;在 G91 时为终点相对于起点的位移量;F 为合成进给速度。

G01 指令刀具以联动的方式,按 F 规定的合成进给速度,从当前位置按线性路线(联动直线轴的合成轨迹为直线)移动到程序段指令的终点。

例:如图 3-11 所示,用直径 8mm 的刀具,沿双点划线加工距离工件上表面 3mm 深凹槽。

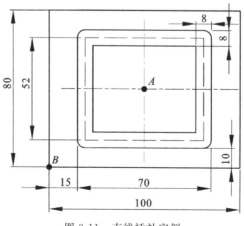

图 3-11　直线插补实例

相应的数控程序：

```
% 0001(工件零点在 A 处)          % 0002(工件零点在 B 处)
N1   G92 X0 Y0 Z50              N1   G92 X0 Y0 Z50
N2   M03 S800                   N2   M03 S800
N3   G00 X-31 Y-26 Z5           N3   G00 X19 Y14 Z5
N4   G01 Z-3 F60                N4   G01 Z-3 F60
N5   Y26                        N5   Y66
N6   X31                        N6   X81
N7   Y-26                       N7   Y14
N8   X-31                       N8   X19
N9   G00 Z50                    N9   G00 Z50
N10  X0 Y0                      N10  X0 Y0
N11  M30                        N11  M30
```

3) 圆弧插补 G02/G03

格式：

$$G17 \begin{Bmatrix} G02 \\ G03 \end{Bmatrix} X\_\_ Y\_\_ \begin{Bmatrix} I\_\_ J\_\_ \\ R\_\_ \end{Bmatrix} F\_\_$$

$$G18 \begin{Bmatrix} G02 \\ G03 \end{Bmatrix} X\_\_ Y\_\_ \begin{Bmatrix} I\_\_ K\_\_ \\ R\_\_ \end{Bmatrix} F\_\_$$

$$G19 \begin{Bmatrix} G02 \\ G03 \end{Bmatrix} X\_\_ Y\_\_ \begin{Bmatrix} I\_\_ K\_\_ \\ R\_\_ \end{Bmatrix} F\_\_$$

说明：G02/G03 指令刀具，按 F 规定的合成进给速度，从当前位置按顺时针/逆时针进行圆弧加工。

在 G90 时，X、Y、Z 为圆弧终点在工件坐标系中的坐标。

在 G91 时，X、Y、Z 为圆弧终点相对于圆弧起点的位移量。

圆弧插补 G02/G03 的判断方法：顺时针/逆时针是从垂直于圆弧所在平面的坐标轴的正方向，向负方向看到的回转方向是根据其插补时的旋转方向为顺时针/逆时针来区别的。

数控铣中圆弧插补 G02/G03 的判断是以不同的平面来选择的，如图 3-12 所示。

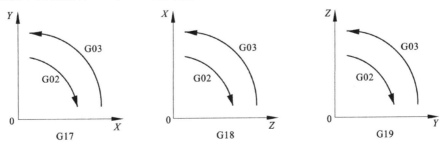

图 3-12　不同平面的 G02 与 G03 选择

I、J、K 分别为圆心相对于圆弧起点的偏移值（等于圆心的坐标减去圆弧起点的坐标，如图 3-13 所示），在 G90/G91 时都是以增量方式来指定。

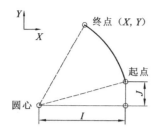 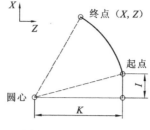 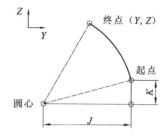

图 3-13 I、J、K 的选择

R 为圆弧半径：当圆弧圆心角小于 180°时，R 为正值；当圆弧圆心角大于 180°时，R 为负值。

F 为被编程的两个轴的合成进给速度。

例：用 G02/G03 圆弧插补编制走出如图 3-14 所示轨迹的程序。

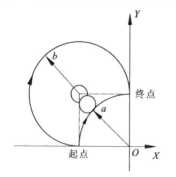 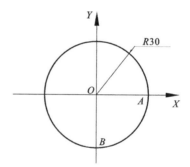

图 3-14 圆弧加工编程　　　　　图 3-15 整圆编程

圆弧加工编程：

加工圆弧 a

G90 G02 X0 Y30 R30 F100

G90 G02 X0 Y30 I30 J0 F100

G91 G02 X30 Y30 R30 F100

G91 G02 X30 Y30 I30 J0 F100

加工圆弧 b

G90 G02 X0 Y30 R-30 F100

G90 G02 X0 Y30 I0 J30 F100

G91 G02 X30 Y30 R-30 F100

G91 G02 X30 Y30 I0 J30 F100

使用 G02/G03 对如图 3-15 所示的整圆编程：

从 A 点顺时针一周时

G90 G02 X30 Y0 I-30 J0 F100

G91 G02 X0 Y0 I-30 J0 F100

从 B 点逆时针一周时

G90 G03 X0 Y-30 I0 J30 F100

G91 G03 X0 Y0 I0 J30 F100

4) 螺旋线进给

格式：

$$\begin{Bmatrix} G17 \\ G18 \\ G19 \end{Bmatrix} \begin{Bmatrix} G02 \\ G03 \end{Bmatrix} \begin{Bmatrix} X\_\ Y\_ \\ X\_\ Y\_ \\ X\_\ Y\_ \end{Bmatrix} \begin{Bmatrix} I\_\ J\_ \\ I\_\ K\_ \\ I\_\ K\_ \\ R\_ \end{Bmatrix} \begin{Bmatrix} Z\_ \\ Y\_ \\ X\_ \end{Bmatrix} F\_\ L\_$$

说明：$\begin{Bmatrix} X\_\ Y\_ \\ X\_\ Y\_ \\ X\_\ Y\_ \end{Bmatrix}$ 螺旋线分别投影到 G17/G18/G19 二维坐标平面内的圆弧终点，意义同圆弧进给。

$\begin{Bmatrix} Z\_ \\ Y\_ \\ X\_ \end{Bmatrix}$ 螺旋线在第 3 坐标上的投影距离（旋转角小于或等于 360°范围内）。

I、J、K、R：意义同圆弧插补。

L：螺旋线圈数（第 3 坐标上的投影距离为增量值时有效）。

例：如图 3-16 所示，使用 G03 在 G90/G91 方式下编制螺旋线程序。

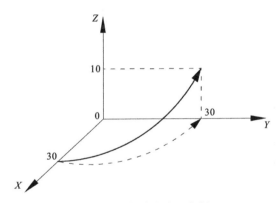

图 3-16 螺旋线编程实例

相应的数控程序：

G91 编程时

G91 G17 F100

G03 X-30 Y30 R30 Z10

G90 编程时

G90 G17 F100

G03 X0 Y30 R30 Z10

例：如图 3-17 所示，用直径 10mm 的键槽铣刀加工直径 50mm 的孔，工件高 10mm。

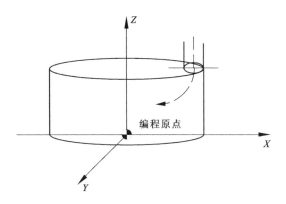

图 3-17 孔编程实例

相应的数控程序：

段号	程序段	程序段的意义
% 0001		程序名
N01	G92 X0 Y0 Z50	设立工件坐标系,定义对刀点的位置
N02	M03 S800	主轴正转,转速 800r/min
N03	G01 X20 Z11 F100	直线插补到 X20 Z11 处,进给速度 100mm/min
N04	G91 G03 I-20 Z-1 L11	相对编程,逆时针螺旋线方式加工孔
N05	G03 I-20	逆时针加工圆弧
N06	G90 G01 X0	绝对值编程,直线加工到 X0 处
N07	G00 X0 Y0 Z50	快速抬刀,回到刀具起始点
N08	M30	程序结束并返回到程序名

3. 刀具半径补偿指令 G40、G41、G42

在零件轮廓加工过程中,由于铣刀都具有半径,刀具中心运动轨迹并不等于加工零件的实际轮廓。因此,在实际加工时,刀具中心轨迹必须偏移零件轮廓表面一个刀具半径值,即进行刀具半径补偿。

在编写程序时,都是以刀具端面中心点为刀位点,以此点沿工件轮廓铣削,忽略了刀具的直径。但是铣刀都具有一定的直径,所以以此方式实际铣削,外形尺寸会减少一铣刀直径值;内形尺寸会增加一铣刀直径值,如图 3-18 所示。

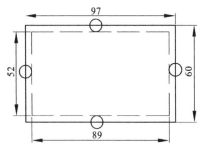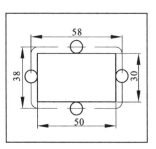

图 3-18 忽略刀具直径加工时的实际效果

为了加工出正确的尺寸,就必须把刀具向左或向右偏移一个刀具半径值。为了简化编程,我们可以利用刀具的半径补偿功能,系统会自动地由编程给出的路径和设置的刀具偏置值,计算出补偿了的路径。也就是说,不必考虑刀具直径,就能够根据工件形状编制加工程序,大大地增加了编写程序时的方便性,如图 3-19 所示。

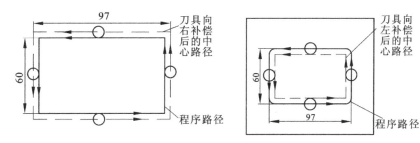

图 3-19　刀具的半径补偿功能

格式:

$$G17 \begin{Bmatrix} G40 \\ G41 \\ G42 \end{Bmatrix} \begin{Bmatrix} G00 \\ G01 \end{Bmatrix} X\_\_ Y\_\_ D\_\_$$

说明:刀具的半径补偿功能,为程序编制提供了方便。在编制零件的加工程序时,可以不考虑刀具的半径,直接按图纸所给的尺寸进行编程,只要在实际加工时输入刀具的半径即可;通过改变刀具半径补偿量,可用一个程序完成零件的粗、精加工。

其中:G40 为取消刀具半径补偿。

G41 为左刀补(沿着刀具运动方向向前看,刀具位于零件左侧的刀具半径补偿)。

G42 为右刀补(沿着刀具运动方向向前看,刀具位于零件右侧的刀具半径补偿)。

D 为:1. 刀补表中刀补号码(D00～D99),它代表了刀补表中对应的半径补偿值;

2. ♯100～♯199 全局变量定义的半径补偿量。

例:如图 3-20 所示考虑刀具半径补偿,按 A→B→C→D→E 的加工顺序进行编程,铣刀直径 12mm,切削深度为 3mm。

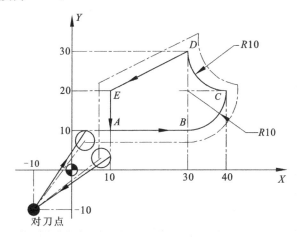

图 3-20　刀具半径自动补偿示例

程序代码为：

段号	程序段	程序段的意义
% 0001		程序名
N01	#101= 6	刀具补偿为6mm,定义为101号
N02	G92 X-10 Y-10 Z50	设立工件坐标系,定义对刀点的位置
N03	M03 S800	主轴正转,转速800r/min
N04	G42 G00 X4 Y10 Z2 D101	快速定位,并建立刀具右补偿
N05	G01 Z-3 F100	直线插补,切削深度3mm,进给速度100mm/min
N06	X30	直线插补到B点
N07	G03 X40 Y20 R10	逆圆插补到C点
N08	G02 X30 Y30 R10	顺圆插补到D点
N09	G01 X10 Y20	直线插补到E点
N10	Y5	顺圆插补到Y5,切出工件轮廓以外
N11	G00 Z5	刀具上抬,离开工件表面5mm
N12	G40 X-10 Y-10 Z50	取消刀补,快速定位回到对刀点的位置
N13	M30	程序结束并返回到程序名

4. 刀具长度补偿指令 G43、G44、G49

加工中心的一个重要部分就是自动换刀装置。为了能在一次加工中使用多把长度不同的刀具,就需要利用刀具长度补偿功能。

刀具长度补偿指令一般用于刀具轴向(Z方向)的补偿,它使刀具在Z方向上的实际位移量比程序给定值增加或减少一个偏置量。这样,在程序编制中,可以不必考虑刀具的实际长度以及刀具不同的长度尺寸。另外,当刀具磨损、更换新刀或刀具安装有误差时,也可使用刀具长度补偿指令,补偿刀具在长度方向上的尺寸变化,不必重新编制加工程序、重新对刀或重新调整刀具。

格式：

$$G17 \begin{Bmatrix} G43 \\ G44 \end{Bmatrix} \begin{Bmatrix} G00 \\ G01 \end{Bmatrix} X\_\_ Y\_\_ H\_\_$$

$$G49 \quad X\_\_ Y\_\_$$

说明：G17 为刀具长度补偿轴为 Z 轴。

G43 为正向偏置(补偿轴终点加上偏置值)。

G44 为负向偏置(补偿轴终点减去偏置值)。

G49 为取消刀具长度补偿。

X、Y、Z 为 G00/G01 的参数,即刀补建立或取消的终点。

H 为 G43/G44 的刀具参数,即刀具长度补偿偏值号(H00～H99),它代表了刀具表中的长度补偿值。

从图3-21中可看出,与刀具半径补偿一样,在编程轨迹不变的条件下,只要改变刀具长度补偿值,就可以使刀具的位置发生改变,从而也改变了轮廓深度的尺寸,这样就能控制零件的深度尺寸了。

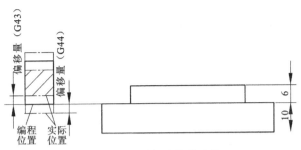

图 3-21　刀具长度补偿功能

注意:

(1)用 G43(正向偏置),G44(负向偏置)指令偏置的方向。H 指令设定在偏置存储器中的偏置量。

(2)无论是绝对指令还是增量指令,由 H 代码指定的已存入偏置存储器中的偏置值在 G43 时加,在 G44 时则是从 a 轴运动指令的终点坐标值中减去,计算后的坐标值成为终点。

(3)偏置号可用 H00～H99 来指定。偏置值与偏置号对应,可通过 MDI/CRT 预先设置在偏置存储器中,对应偏置号 00 即 H00 的偏置值通常为 0。因此对应于 H00 的偏置量不设定。

(4)要取消刀具长度补偿时用指令 G49 或 H00。

(5)G43、G44、G49 都是模态代码,可相互注销。

(6)G43 Z＿＿H＿＿中,数据为正时,刀具向上;数据为负时,刀具向下。G44 与之相反,数据为正时,刀具向下;数据为负时,刀具向上。故刀具长度补偿指令可相互通用,但数据正负号不能弄错。

例:加工如图 3-22 所示的孔,按理想刀具进行的对刀编程,现测得实际刀具比理想刀具短 8mm,若设定 H01＝－8mm,H02＝8mm。

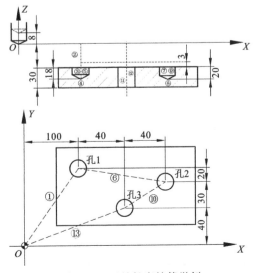

图 3-22　刀具长度补偿举例

孔的加工程序如下：

段号	程序段	程序段的意义
%0001		程序名
N01	G54	设立工件坐标系
N02	M03 S800	主轴正转，转速 800r/min
N03	G91 G00 X100 Y90	增量编程方式，快速定位到孔 1 上方
N04	G43 G00 Z-32 H01 (G44 Z-32 H02)	理想刀具下移到 Z=-32mm，实际刀具下移到 Z=-32+(-8)mm=-40mm 下移到离工件上表面 3mm 处
N05	G01 Z-21 F100	直线插补加工孔 1，进给速度 100mm/min
N06	G04 P2000	孔底暂停 2s
N07	G00 Z21	快速抬刀到安全高度
N08	X80 Y-20	快速定位到孔 2 上方
N09	G01 Z-23	加工孔 2
N10	G04 P2000	孔底暂停 2s
N11	G00 Z23	快速上移 23mm，抬刀到安全高度
N12	X-40 Y-30	快速定位到孔 3 上方
N13	G01 Z-41	加工孔 3
N14	G49 G00 Z73	取消刀具长度补偿，沿 Z 轴方向退回到初始平面
N15	X-140 Y-40	刀具返回到起始点
N16	M30	程序结束并返回到程序名

5. 简化编程指令

1) 镜像功能 G24、G25

格式：G24 X__ Y__ Z__

　　　M98 P__

　　　G25 X__ Y__ Z__

说明：G24 为建立镜像，由指令坐标轴后的坐标值指定镜像位置（对称轴、线、点）。

　　　G25 为取消镜像。

　　　X、Y、Z、A 为镜像位置。

当工件相对于某一轴具有对称形状时，可以利用镜像功能和子程序，只对工件的一部分进行编程，而能加工出工件的对称部分，这就是镜像功能；当一轴的镜像有效时，该轴执行与编程方向相反的运动。

注意：有刀补时，先镜像，然后进行刀具长度补偿、半径补偿。

例：用镜像指令编制如图 3-23 所示的加工程序。设定刀具起点为工件上表面 50mm 处，零件的切削深度为 2mm。

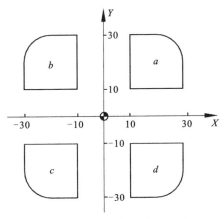

图 3-23 镜像指令编程实例

相应的数控程序：

段号	程序段	程序段的意义
%0001		程序名
N01	G92 X0 Y0 Z50	设立工件坐标系,定义对刀点的位置
N02	M03 S1200	主轴正转,转速 1200r/min
N03	M98 P100	调用子程序加工 a
N04	G24 X0	Y 轴镜像,镜像位置为 X=0
N05	M98 P100	调用子程序加工 b
N06	G24 Y0	X、Y 轴镜像,镜像位置为(0,0)
N07	M98 P100	调用子程序加工 c
N08	G25 X0	X 轴镜像继续有效,取消 Y 轴镜像
N09	M98 P100	调用子程序加工 d
N10	G25 X0 Y0	取消镜像
N11	M30	程序结束并返回到程序名
%100		子程序(a 的加工程序)
N1	G42 G00 X4 Y10 Z5 D01	在 X4 Y10 处建立刀具半径右补偿
N2	G01 Z-2 F60	直线加工,切削深度 2mm,进给速度 60mm/min
N3	G91 X26	相对编程,X 轴方向相对于前一个点移动了 26mm
N4	Y10	Y 轴方向相对于前一个点移动了 10mm
N5	G03 X-10 Y10 R10	圆弧加工,圆弧的半径为 10mm
N6	G01 X-10	X 轴方向相对于前一个点移动了 10mm
N7	Y-26	Y 轴方向相对于前一个点移动了 26mm
N8	G90 G00 Z50	绝对编程,抬刀
N9	G40 G00 X0 Y0	取消刀补
N10	M99	子程序结束

2)缩放功能 G50、G51

格式:G51　X＿　Y＿　Z＿　P＿
　　　M98　P＿
　　　G50

说明:G51 为建立缩放。

　　　G50 为取消缩放。

　　　X、Y、Z 为缩放中心的坐标值。

　　　P 为缩放倍数。

　　　G51 既可指定平面缩放,也可指定空间缩放。

在 G51 后,运动指令的坐标值以(X、Y、Z)为缩放中心,按 P 规定的缩放比例进行计算。

注意:在有刀具补偿的情况下,先进行缩放,然后才进行刀具半径补偿、刀具长度补偿。

例:使用缩放功能编制如图 3-24 所示的加工程序。已知三角形 ABC 中,顶点为 A(10,30),B(90,30),C(50,110),三角形 A'B'C' 为缩放后的图形,其中缩放中心为 D(50,50),缩放系数为 0.5 倍,设刀具起点距工件表面 50mm;则缩放程序为 G51 X50 Y50 P0.5。

执行该程序,将自动计算 A'B'C' 三点坐标数据为 A'(30,40),B'(70,40),C'(50,80),从而获得缩小一倍的 △A'B'C'。

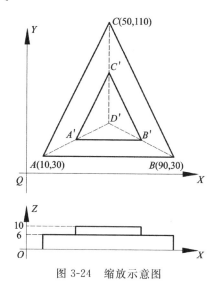

图 3-24　缩放示意图

相应的数控程序:

段号	程序段	程序段的意义
	%0001	程序名
N01	G92　X0　Y0　Z50	设立工件坐标系,定义对刀点的位置
N02	M03　S1200	主轴正转,转速 1200r/min
N03	G00　X0　Y10　Z10	刀具快速移动到 X0 Y10 Z5 处
N04	#51= 0	定义 Z 轴深度
N05	M98　P100	调用子程序加工三角形 ABC
N06	#51= 6	定义 Z 轴深度

N07	G51 X50 Y50 P0.5	进行缩放,缩放中心(50,50)缩放倍数为0.5
N08	M98 P100	调用子程序加工三角形 A'B'C'
N09	G50	取消缩放
N10	G00 Z5	抬刀
N11	G00 X0 Y0 Z50	快速回到起刀点处
N12	M30	程序结束并返回到程序名
%100		加工三角形 ABC 的子程序
N1	G42 G00 Y30 D01	在X0Y10建立刀具半径右补偿
N2	G01 Z[#51]	定义 Z 轴深度
N3	G01 X100	直线加工到 B 点
N4	X50 Y110	直线加工到 C 点
N5	X10 Y30	直线加工到 A 点
N6	Y2	直线加工到零件轮廓以外
N7	G40 G00 Y0	取消刀补
N8	M99	子程序结束

3) 旋转变换 G68、G69

格式:G17　G68　X__ Y__ P__
　　　G18　G68　X__ Y__ P__
　　　G19　G68　Y__ X__ P__
　　　　　 M98　P__
　　　　　 G69

说明:G68 为建立旋转。
　　　G69 为取消旋转。
　　　X、Y、Z 为旋转中心的坐标值;P 为旋转角度,单位是度(°),0<P<360°。

注意:在有刀具补偿的情况下,先旋转后刀补(刀具半径补偿、长度补偿);在有缩放功能的情况下,先缩放后旋转。

例:编制如图 3-25 所示的旋转变换功能程序。

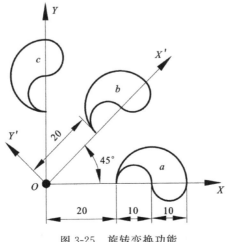

图 3-25　旋转变换功能

相应的数控程序：

段号	程序段	程序段的意义
% 0001		程序名
N01	G92 X0 Y0 Z50	设立工件坐标系,定义对刀点的位置
N02	M03 S1200	主轴正转,转速1200r/min
N03	G01 Z-3 F60	直线加工,切削深度3mm,进给速度60mm/min
N04	M98 P100	调用子程序,加工 a
N05	G68 X0 Y0 P45	旋转45°
N06	M98 P100	调用子程序,加工 b
N07	G68 X0 Y0 P90	旋转90°
N08	M98 P100	调用子程序,加工 c
N09	G00 Z50	快速抬刀
N10	G69	取消旋转
N11	M30	程序结束并返回到程序名
% 100		图形 a 的子程序
N1	G41 G01 X20 Y-5 D01 F60	在 X20 Y-5 处建立刀具半径左补偿
N2	Y0	直线加工到 Y0
N3	G02 X40 R10	顺时针圆弧加工到 X40 Y0 处
N4	X30 R5	顺时针圆弧加工到 X30 Y0 处
N5	G03 X20 R5	逆时针圆弧加工到 X20 Y0 处
N6	G00 Y-6	快速退刀到 X20 Y-6 处
N7	G40 X0 Y0	取消刀具半径补偿
N8	M99	子程序结束

3.1.8 数控铣床加工操作规程

(1)实习时要按规定穿戴好工作服和防护帽。不准戴手套操作机床。

(2)未经实习指导人员许可不准擅自动用任何设备、电闸、开关和操作手柄,以免发生安全事故。

(3)实习中如有异常现象或发生安全事故应立即拉下电闸或关闭电源开关,停止实习,保留现场并及时报告指导人员,待查明事故原因并经指导人员许可后方可再进行实习。

(4)启动数控铣床系统前必须仔细检查以下各项：

①所有开关应处于非工作的安全位置；

②机床的润滑系统及冷却系统应处于良好的工作状态；

③检查工作台区域有无搁放其他杂物,确保运转畅通。

(5)程序输入前必须严格检查程序的格式、代码及参数选择是否正确,学生编写的程序必须经指导教师检查同意后,方可进行输入操作。

(6)程序输入后必须首先进行加工轨迹的模拟显示,确定程序正确后,方可进行加工操作。

(7)主轴启动前应注意检查以下各项:

①必须检查变速手柄的位置是否正确,以保证传动齿轮的正常啮合;

②按照程序给定的坐标要求,调整好刀具的工作位置,检查刀具是否拉紧、刀具旋转是否撞击工件等;

③禁止工件未压紧就启动机床;

④调整好工作台的运行限位。

(8)操作数控铣床进行加工时应注意以下各项:

①加工过程不得拨动变速手柄,以免打坏齿轮;

②必须保持精力集中,发现异常要立即停车及时处理,以免损坏设备;

③装卸工件、刀具时,禁止用重物敲打机床部件;

④务必在机床停稳后,再进行工件测量、刀具检查、工件安装等项工作。

⑤操作者离开机床时,必须停止机床的运转。

(9)操作完毕必须关闭机床,清理工具,保养机床和打扫工作场地。

3.2 加工中心加工

加工中心是从数控铣床发展而来的,同类型的加工中心与数控铣床的结构布局是相似的。与数控铣床相比,加工中心备有刀库,具有自动换刀功能,对工件一次装夹后能进行多工序加工。加工中心的数控系统能控制机床按不同工序自动选择、更换刀具,自动对刀、自动改变主轴转速及进给量等,可连续完成镗、铣、钻、扩、铰、攻丝等多种工序,因而可大大减少工件装夹时间、测量和调整等辅助工序时间,故适合于形状比较复杂、精度要求较高的中小批量零件加工。

与普通数控机床相比,加工中心具有以下几个突出特点:

(1)全封闭防护。所有的加工中心都有防护门,加工时,关上防护门,能有效防止人身伤害事故。

(2)工序集中,加工连续进行。加工中心通常具有多个进给轴(三轴以上),甚至多个主轴,联动的轴数也较多,如三轴联动、五轴联动、七轴联动等,因此能够自动完成多个平面和多个角度位置的加工,实现复杂零件的高精度加工。在加工中心上一次装夹可以完成铣、镗、钻、扩、铰、攻丝等加工,工序高度集中。

(3)使用多把刀具,刀具自动交换。加工中心带有刀库和自动换刀装置,在加工前将需要的刀具先装入刀库,在加工时能够通过程序控制自动更换刀具。

(4)使用多个工作台,工作台自动交换。加工中心上如果带有自动交换工作台,可实现一个工作台在加工的同时,另一个工作台完成工件的装夹,从而大大缩短辅助时间,提高加工效率。

(5)功能强大,趋向复合加工。加工中心可复合车削功能、磨削功能等,如圆工作台可驱动工件高速旋转,刀具只做主运动不进给,完成类似车削加工,这使加工中心有更广泛的加工范围。

(6)高自动化、高精度、高效率。加工中心的主轴转速、进给速度和快速定位精度高,可以通过切削参数的合理选择,充分发挥刀具的切削性能,减少切削时间,且整个加工过程连续,各种辅助动作快,自动化程度高,减少了辅助动作时间和停机时间,因此,加工中心的生产效率很高。

(7)高投入。加工中心的一次性投资及日常维护保养费用较普通机床高出很多。

(8)在适当的条件下才能发挥最佳效益。在使用过程中要发挥加工中心之所长,才能充分体现效益,这一点对加工中心的合理使用至关重要。

3.2.1 加工中心的分类

加工中心的品种、规格较多,这里仅从结构上对其作分类。

1. 立式加工中心

立式加工中心是指主轴轴线为垂直状态设置的加工中心,如图 3-26 所示。其结构形式多为固定立柱式,工作台为长方形,无分度回转功能,适合加工盘、套、板类零件。一般具有 3 个直线运动坐标,并可在工作台上安装一个水平轴的数控回转台,用于加工螺旋线零件。

立式加工中心装夹工件方便,便于操作,易于观察加工情况,但加工时切屑不易排除,且受立柱高度和换刀装置的限制,不能加工太高的零件。

立式加工中心结构简单,占地面积小,价格相对较低,应用广泛。

2. 卧式加工中心

卧式加工中心是指主轴轴线为水平状态设置的加工中心,如图 3-27 所示。通常都带有可进行分度回转运动的工作台。卧式加工中心一般都具有 3~5 个运动坐标,常见的是 3 个直线运动坐标加 1 个回转运动坐标,它能够使工件在一次装夹后完成除安装面和顶面以外其余 4 个面的加工,最适合加工箱体类零件。

卧式加工中心调试程序及试切时不便观察,加工时不便监视,零件装夹和测量不方便,但加工时排屑容易,对加工有利。

与立式加工中心相比,卧式加工中心的结构复杂,占地面积大,价格也较高。

3. 龙门式加工中心

龙门式加工中心(图 3-28)的形状与龙门铣床相似,主轴多为垂直设置,除自动换刀装置外,还带有可更换的主轴附件,数控装置的功能也较齐全,能够一机多用,尤其适用于加工大型或形状复杂的零件,如飞机上的梁、框、壁板等。

4. 五面加工中心

五面加工中心具有立式和卧式加工中心的功能,工件一次装夹后能完成除安装面外的所有侧面和顶面等 5 个面的加工,一种是通过主轴旋转 90°,既可以像立式加工中心那样工作,也可以像卧式加工中心那样工作;另一种是主轴不改变方向,而工作台可以带动工件旋转 90°完成对工件 5 个面的加工。

五面加工中心可以使工件的形位误差降到最低,省去了二次装夹的工装,从而提高了生产效率,降低了加工成本。

五面加工中心存在结构复杂、造价高、占地面积大等缺点,在使用和生产数量上远不如其他类型的加工中心。

图 3-26　立式加工中心

图 3-27　卧式加工中心

图 3-28　龙门式加工中心

3.2.2　加工中心主要加工对象

加工中心主要加工对象有以下 4 类。

1. 箱体类零件

箱体类零件是指具有一个以上的孔系,并有较多型腔的零件,如图 3-29 所示。这类零件在机械、汽车、飞机等行业较多,如汽车的发动机缸体、变速箱体,机床的床头箱、主轴箱、柴油机缸体、齿轮泵壳体等。

箱体类零件一般都需要进行多工位孔系及平面加工,公差要求较高,特别是形位公差要求较为严格,通常要经过铣、钻、扩、镗、铰、锪、攻丝等工序,需要刀具较多,在普通机床上加工难度大,工装套数多,费用高,加工周期长,需多次装夹、找正,手工测量次数多,加工时必须频繁地更换刀具,工艺难以制定,更重要的是精度难以保证。

箱体类零件在加工中心上加工,一次装夹可以完成普通机床 60%～95% 的工序内容,零件各项精度一致性好、质量稳定,同时可缩短生产周期、降低成本。对于加工工位较多,工作台需多次旋转角度才能完成的零件,一般选用卧式加工中心;当加工的工位较少,且跨距不大时,可选立式加工中心,从一端进行加工。

2. 复杂曲面

在航空航天、汽车、船舶、国防等领域的产品中,复杂曲面类占有较大的比重,如叶轮(图 3-30)、螺旋桨、各种曲面成型模具等。

就加工的可能性而言,在不出现加工干涉区或加工盲区时,复杂曲面一般可以采用球头铣刀进行三坐标联动加工,加工精度较高,但效率较低。如果工件存在加工干涉区或加工盲区,就必须考虑采用四坐标或五坐标联动的机床。

图 3-29 箱体类零件　　　　　　　图 3-30 叶轮

3. 异形件

异形件是外形不规则的零件,大多需要点、线、面多工位混合加工,如支架、基座、样板、靠模等。异形件的刚性一般较差,夹压及切削变形难以控制,加工精度也难以保证,这时可充分发挥加工中心工序集中的特点,采用合理的工艺措施,一次或两次装夹,完成多道工序或全部的加工内容。

4. 盘、套、板类零件

带有键槽、径向孔或端面有分布孔系及有曲面的盘套或轴类零件,以及具有较多孔加工的板类零件,适宜采用加工中心加工。端面有分布孔系、曲面的零件宜选用立式加工中心,有径向孔的可选卧式加工中心。

3.2.3 加工中心主要技术参数

加工中心的主要技术参数包括工作台面积、各坐标轴行程、主轴转速范围、切削进给速度范围、刀库容量、换刀时间、定位精度、重复定位精度等,其具体内容及作用见表 3-5。

表 3-5 加工中心主要技术参数

类　别	主要内容	作　用
尺寸参数	工作台(长×宽)、承重	影响加工工件的尺寸范围(重量)、编程范围及刀具、工件、机床之间干涉
	主轴端面到工作台距离	
	交换工作台尺寸、数量及交换时间	

续表 3-5

类　别	主要内容	作　用
接口参数	工作台 T 形槽数、槽宽、槽间距	影响工件、刀具安装及加工适应性和效率
	主轴孔锥度、直径	
	最大刀具尺寸及重量	
	刀库容量及换刀时间	
运动参数	各坐标行程范围	影响加工性能及编程参数
	主轴转速范围	
	各坐标快进速度、切削进给速度范围	
动力参数	主轴电机功率	影响切削负荷
	伺服电机额定转矩	
精度参数	几何精度	影响加工精度及其一致性
	数控精度	
其他参数	外形尺寸及重量	影响使用环境

3.2.4 加工中心的基本组成

加工中心一般由床身、主轴箱、工作台、底座、立柱、横梁、进给机构、自动换刀装置、辅助系统(气液、润滑、冷却)、控制系统等组成。VDL-600A 加工中心如图 3-31 所示。

图 3-31　VDL-600A 加工中心

加工中心的操作面板由机床操作面板和数控系统操作面板两部分组成。

1. 机床操作面板

机床操作面板上的各种功能键可执行简单的操作,直接控制机床的动作及加工过程,一般有急停、模式选择、轴向选择、切削进给速度调整、主轴转速调整、主轴的起停、程序调试功能及其他 M、S、T 功能等。

2.数控系统操作面板

数控系统操作面板由显示屏和MDI键盘两部分组成,其中显示屏主要用来显示相关坐标位置、程序、图形、参数、诊断、报警等信息;而MDI键盘包括字母键、数值键以及功能按键等,可以进行程序、参数、机床指令的输入及系统功能的选择。

3.自动换刀装置

加工中心的自动换刀装置由刀库和刀具交换装置组成,用于交换主轴与刀库中的刀具或工具。加工中心对自动换刀装置的具体要求为:刀库容量适当;换刀时间短;换刀空间小;动作可靠、使用稳定;刀具重复定位精度高;刀具识别准确。

在加工中心上使用的刀库主要有两种:一种是盘式刀库;另一种是链式刀库。盘式刀库装刀容量相对较小,一般在30把刀具以下,主要适用于小型加工中心;链式刀库装刀容量大,一般为30~100把刀具,主要适用于大中型加工中心。

加工中心的换刀方式一般有两种:机械手换刀和主轴换刀。

(1)机械手换刀。由刀库选刀,再由机械手完成换刀动作,这是加工中心普遍采用的形式。机床结构不同,机械手的形式及动作均不一样。

(2)主轴换刀。通过刀库和主轴箱的配合动作来完成换刀,适用于刀库中刀具位置与主轴上刀具位置一致的情况。一般是采用把盘式刀库设置在主轴箱可以运动到的位置,或整个刀库能移动到主轴箱可以到达的位置。换刀时,主轴运动到刀库上的换刀位置,由主轴直接取走或放回刀具。多用于采用40号以下刀柄的中小型加工中心。

加工中心刀库中有多把刀具,从刀库中调出所需刀具,必须对刀具进行识别,刀具识别的方法有两种。

(1)刀座编码。在刀库的刀座上编有号码,在装刀之前,首先对刀库进行重整设定,设定完后,就变成了刀具号和刀座号一致的情况,此时一号刀座对应的就是一号刀具,经过换刀之后,一号刀具并不一定放到一号刀座中(刀库采用就近放刀原则),此时数控系统自动记忆一号刀具放到了几号刀座中,数控系统采用循环记忆方式。

(2)刀柄编码。识别传感器在刀柄上编有号码,将刀具号首先与刀柄号对应起来,把刀具装在刀柄上,再装入刀库,在刀库上有刀柄感应器,当需要的刀具从刀库中转到装有感应器的位置时,被感应到后,从刀库中调出交换到主轴上。

4.工作台自动交换装置

根据需要,加工中心可配备工作台自动交换装置,使其携带工件在工位及机床之间转换,从而有效减小定位误差,减少装夹时间,达到提高加工精度及生产效率的目的,这也是构成FMS的基本手段。

加工中心对自动换刀装置有如下具体要求:①工作台数量适当。一般单机操作时采用两个工作台,多机共同操作时采用多个工作台。②交换时间短。多工作台的交换可采用机械手、机器人等以缩短时间。③交换空间小。④动作可靠、使用稳定。⑤工作台重复定位精度高。

工作台自动交换装置有两大类型:①回转交换式。交换空间小,多为单机时使用。②移动交换式。工作台沿导(滑)轨移至工作位置进行交换,多用于加工中工位多、内容多的情况。

3.2.5 加工中心的操作

1. 开机

在开机之前要先检查机床状况有无异常,润滑油是否足够等,如一切正常方可开机。

(1)首先合上机床总电源开关。

(2)开稳压器、气源等辅助设备电源开关。

(3)开加工中心控制柜总电源。

(4)将紧急停止按钮右旋弹出,开操作面板电源,直到机床准备完毕报警消失,则开机完成。

2. 机床回原点

开机后首先应回机床原点,回原点前要确保各轴在运动时不与工作台上的夹具或工件发生干涉。将模式选择开关选到回原点上,再选择快速移动倍率开关到合适倍率上,选择各轴依次回原点。回原点时一定要注意各轴运动的先后顺序。

3. 工件安装

根据不同的工件选用不同的夹具,选用夹具的原则如下:

(1)定位可靠。

(2)夹紧力要足够。

安装夹具前,一定要先将工作台和夹具清理干净。夹具装在工作台上,要先将夹具通过量表找正找平后,再用螺钉或压板将夹具压紧在工作台上。安装工件时,也要通过量表找正找平工件。

4. 刀具安装

使用刀具时,首先应确定加工中心要求配备的刀柄及拉钉的标准和尺寸(这一点很重要,一般规格不同无法安装),根据加工工艺选择刀柄、拉钉和刀具,并将它们装配好。

1)手动换刀过程

手动在主轴上装卸刀柄的方法如下:

(1)确认刀具和刀柄的重量不超过机床规定的允许最大重量。

(2)清洁刀柄锥面和主轴锥孔。

(3)左手握住刀柄,将刀柄的键槽对准主轴端面键垂直伸入到主轴内,不可倾斜。

(4)右手按下松刀按钮,压缩空气从主轴内吹出以清洁主轴和刀柄,按住此按钮,直到刀柄锥面与主轴锥孔完全贴合后,松开按钮,刀柄即被自动夹紧,确认夹紧后方可松手。

(5)刀柄装上后,用手转动主轴检查刀柄是否正确装夹。

(6)卸刀柄时,先用左手握住刀柄,再用右手按松刀按钮(否则刀具从主轴内掉下,可能会损坏刀具、工件和夹具等),取下刀柄。

2)注意事项

在手动换刀过程中应注意以下问题:

(1)应选择有足够刚度的刀具及刀柄,同时在装配刀具时保持合理的悬伸长度,以避免刀具在加工过程中产生变形。

(2)卸刀柄时,必须要有足够的动作空间,刀柄不能与工作台上的工件、夹具发生干涉。

(3)换刀过程中严禁主轴运转。

5.刀具装入刀库的操作

当加工所需要的刀具比较多时,要将全部刀具在加工之前根据工艺设计放置到刀库中,并给每一把刀具设定刀具号码,然后由程序调用。具体步骤如下:

(1)将需用的刀具在刀柄上装夹好,并调整到准确尺寸。

(2)根据工艺和程序的设计将刀具和刀具号一一对应。

(3)主轴回 Z 轴零点。

(4)手动输入并执行"T01 M06"。

(5)手动将 1 号刀具装入主轴,此时主轴上刀具即为 1 号刀具。

(6)手动输入并执行"T02 M06",此时 1 号刀具就放入到刀库中。

(7)手动将 2 号刀具装入主轴,此时主轴上刀具即为 2 号刀具。

(8)其他刀具按照以上步骤依次放入刀库。

将刀具装入刀库中应注意以下问题:

(1)装入刀库的刀具必须与程序中的刀具号一一对应,否则会损伤机床和加工零件。

(2)只有主轴回到机床零点,才能将主轴上的刀具装入刀库,或者将刀库中的刀具调在主轴上。

(3)交换刀具时,主轴上的刀具不能与刀库中的刀具号重号。比如主轴上已是"1"号刀具,则不能再从刀库中调"1"号刀具。

6.对刀

对刀的目的是通过刀具或对刀工具确定工件坐标系与机床坐标系之间的空间位置关系,并将对刀数据输入到相应的存储位置。它是数控加工中最重要的操作内容,其准确性将直接影响零件的加工精度。

对刀操作分为 X、Y 向对刀和 Z 向对刀。

1)对刀方法

根据现有条件和加工精度要求选择对刀方法,可采用试切法、寻边器对刀、机外对刀仪对刀、自动对刀等。其中试切法对刀精度较低,加工中常用寻边器和 Z 向设定器对刀,效率高,能保证对刀精度,机外对刀仪对刀比较方便。

2)注意事项

在对刀操作过程中需注意以下问题:

(1)根据加工要求采用正确的对刀工具,控制对刀误差。

(2)在对刀过程中,可通过改变微调进给量来提高对刀精度。

(3)对刀时需小心谨慎操作,尤其要注意移动方向,避免发生碰撞危险。

(4)对刀数据一定要存入与程序对应的存储地址,防止因调用错误而产生严重后果。

7.刀具长度补偿设置

加工中心上使用的刀具很多,每把刀具的长度和到 Z 坐标零点的距离都不相同,这些距离的差值就是刀具的长度补偿值,在加工时要分别进行设置,并记录在刀具明细表中,以供机床操作人员使用。一般有两种方法：

（1）机内设置。这种方法不用事先测量每把刀具的长度，而是将所有刀具放入刀库中后，采用 Z 向设定器依次确定每把刀具在机床坐标系中的位置。

（2）机外刀具预调结合机上对刀。这种方法是先在机床外利用刀具预调仪精确测量每把在刀柄上装夹好的刀具的轴向和径向尺寸，确定每把刀具的长度补偿值，然后在机床上用其中最长或最短的一把刀具进行 Z 向对刀，确定工件坐标系。这种方法对刀精度和效率高，便于工艺文件的编写及生产组织。

8. 刀具半径补偿设置

进入刀具补偿值的设定页面，移动光标至输入值的位置，根据编程指定的刀具，键入刀具半径补偿值，完成刀具半径补偿值的设定即可。

9. 程序输入

程序的输入有多种形式，可通过手动数据输入方式（MDI）或通信接口将加工程序输入机床，也可实行在线加工。

10. 程序调试

由于加工中心的加工部位比较多，使用的刀具也比较多。为方便加工程序的调试，一般根据加工工艺的安排，针对每把刀具将各个加工部位的加工内容编制为子程序，而主程序主要包含换刀命令和子程序调用命令。

程序的调试可利用机床的程序预演功能，依次对每个子程序进行单独调试。在程序调试过程中，可根据实际情况修调进给倍率开关。

11. 程序运行

在程序正式运行之前，要先检查加工前的准备工作是否完全就绪。确认无误后，选择自动加工模式，按下数控启动键运行程序，对工件进行自动加工。

在自动运行程序加工过程中，如果出现危险情况，应迅速按下紧急停止开关或复位键，终止运行程序。

12. 零件检测

将加工好的零件从机床上卸下，根据零件不同尺寸精度、粗糙度、位置度的要求选用不同的检测工具进行检测。

13. 关机

零件加工完成后，清理现场，再按与开机相反的顺序依次关闭电源。

3.2.6 加工中心操作规程

（1）实习时要按规定穿戴好工作服和防护帽。不准戴手套操作机床。

（2）未经实习指导人员许可不准擅自动用任何设备、电闸、开关和操作手柄，以免发生安全事故。

（3）实习中如有异常现象或发生安全事故应立即拉下电闸或关闭电源开关，停止实习，保留现场并及时报告指导人员，待查明事故原因并经实习指导人员许可后，方可再进行实习。

（4）操作时严格按照机床操作手册正确使用机床。

(5)机床通电后,检查各开关、按钮是否正常、灵活,机床有无异常现象。

(6)开机后检查机床气压、液压及操作面板状态指示灯是否正常。

(7)操作前必须保证夹具、刀具及工件夹持良好,如有异常情况应及时报告老师,保证操作的安全性。

(8)在进行工作台回转交换时,台面、护罩、导轨上不得有异物。

(9)操控控制面板上的各种功能按钮时,必须辨认清楚,确认无误后,方可进行操作。

(10)学员必须在老师指定的机床上操作,按正确顺序开、关机,文明操作,不得随意开他人的机床,当一人在操作时,他人不得干扰以防造成事故。

(11)程序输入前必须严格检查程序的格式、代码及参数选择是否正确,学生编写的程序必须经指导教师检查同意后,方可进行输入操作。

(12)程序输入后必须首先进行加工轨迹的模拟显示,确定程序正确后,方可进行加工操作。

(13)机床主轴启动,其运转速度不得超过其最大允许范围。开始切削前应关好防护门,正常运行时禁止按"急停""复位"按钮,加工中严禁开启防护门。

(14)加工过程中不允许擅自离开机床,如遇紧急情况应按红色"急停"按钮,迅速报告指导老师,经修正后方可再进行加工。

(15)操作人员不得擅自修改、删除机床参数和系统文件。

(16)加工完毕后,应从刀库中卸下刀具,并清理干净。同时将量具、材料等物品整理好,最后必须做好机床的清洁和润滑保养工作。

3.3 数控雕刻

所谓雕刻就是在双色板、金属、木材、石头等材料上刻出装饰性的立体图形,分为"阴刻"和"阳刻"两种。数控雕刻可归类于高速铣削加工,它是一种高转速、小进给和快走刀的加工方式,被形象地称为"小吃快跑"的加工方式。

数控雕刻主要用于各种标牌、广告、建筑模型,模具,小五金,装饰品,工业模型等的加工。

1. 制革工业

不少皮革,特别是人造革制品,需带有商标,厂名或仿制成某种动物的皮纹。其轧制皮革的轧辊或压花版都需事先雕刻加工。原来的方法是在钢辊上先镀铜,化蚀后再镀铬,因蚀刻加工深度较浅,加之磨损,镀层易脱落,使用寿命短。如在钢辊(图3-32)上直接雕刻,既节省成本又可提高使用寿命。

图 3-32 皮革加工用钢辊

2. 注塑和压缩模具

家电、炊具及工业塑料制品,制鞋底等都需在产品上带有花纹、字号,这些都可通过相应模具(图 3-33)加工出来。

图 3-33 鞋底模型

3. 工艺美术制品加工

在精细的工艺美术制品上雕刻名人的字画,或是在金属制品上雕刻特定的花纹,或作建筑、商业门面的装饰(图 3-34)。

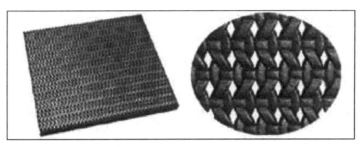

图 3-34 斩皮模具和压制的实物(局部)

4. 建筑、机械、车辆、舰船模型的制作

模型是最古老的设计工具,现代社会又给模型赋予了更加新颖的含义,模型是工业的模特。机械、车辆、舰船、建筑设计方案的表现和展示,商品房屋的销售都离不开模型,模型本身还有独立的竞赛、纪念和收藏等意义。目前,使模型制作更加精美、更加快速的 CNC 雕刻已经成为各行各业制作模型的最佳帮手。

5. 印刷线路板

加工印刷线路板,可降低成本,提高速度,消除污染,特别是集成电路线路板(极微细的雕刻加工)是当今难度极大的加工课题。只有使用该技术才有可能达到理想的程度。

6. 专利产品的防伪

有些专利产品,为了防止伪、劣、假冒产品的干扰,便在自己的专利产品上暗标印记,在特殊的地方(位置)压痕,其压痕模具多用微雕刻刻有特殊暗记,多用于高精尖的科技产品或医药产品上。随着经济市场的开发,采用该项技术防伪,其措施极为有力。

7. 标牌(铭牌)、刻度尺、刻度盘的加工

可用普通钢材代替价格昂贵的铜或铝,降低产品的成本,同时也为我国节省了大量的有色金属(图 3-35)。

图 3-35 标牌

由于 CNC 雕刻使用的是小刀具进行精细雕刻,采用的是高精度、高转速的主轴电机,所以 CNC 雕刻技术还在先进制造技术领域中的超高速加工技术和微机械加工制造等各方面具有较好的前景。

(1)超高速加工技术:可将 CNC 雕刻机主轴转速提高至超高速,以提高它的切削速度和进给速度。超高速加工能成倍提高机床的生产效率,改善零件的加工精度和表面质量,可解决常规加工中某些特殊材料难以解决的加工问题。

(2)微机械加工制造:CNC 雕刻技术还可应用于微机械加工制造中的机械去除。可应用于微型飞行器、微机器等新一代微机械产品的研究开发。

3.3.1 主要实习设备和软件

CNC 雕刻机就是计算机发出指令,控制 X、Y、Z 三轴线性之间的联动,并带动高速旋转的刀具或激光头在材料上移动,得到所需要的雕刻效果或切割效果。实习所使用的雕刻机为金伊泰 6080 型数控雕刻机和精雕 CARVER400 雕刻机(图 3-36)。

(a)数控雕刻机　　(b)精雕机

图 3-36 实习所使用的雕刻机

实习所用软件为文泰三维雕刻软件,分为 CAD 和 CAM 两部分。CAD 部分是以 Windows 系统为平台,可进行图形设计,自动编辑数控 G 代码,并生成.nc 文件,形成 CAM 程序。CAM 部分是以运动控制系统为平台,可调用.nc 文件来控制计算机自动加工过程。还可以使用华中科技大学机械科学与工程学院开发的自主版权 SmartNest 软件来制版和产生数控代码。该软件可直接读取主流 CAD 的文件数据，可在实习前绘制好自己想要进行数控雕刻或电火花不锈钢线切割的图案。其系统主界面如图 3-37 所示。

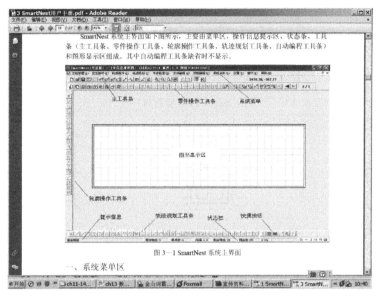

图 3-37　SmartNest 系统主界面

3.3.2　雕刻软件使用介绍

（1）首先打开"文泰三维雕刻软件"，弹开一个版面对话窗。创建一个高 600mm，宽 600mm 的版面。进入文泰雕刻 2002 的软件界面。

（2）点击软件右侧工具条的"　"按钮，弹出"图库选择"窗口，在类型条中选"文泰实用图库"，名称条中选"05：民俗图 3"。将宽和高均改为 35。最后将 5 号图（双脚）拖入白色版面中（图 3-38）。

（3）点击菜单"G 图形"下的"矩形"栏，在版面上以拖曳法画一个矩形。鼠标左键点选矩形，选中后矩形框周围出现一条红色虚线。右键点中矩形框，在弹开菜单中点击"修改图形参数"栏（图 3-39）。出现"手动设置图形参数"窗口，将宽、高均改为 40，再点击"修改"（图 3-40）。左键点击矩形框且按住拖至脚印处，使矩形框将脚印完全包围［微量移动可用方向键控制，如图 3-41(a) 所示］。

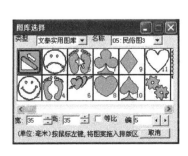

图 3-38　图库选择窗口

图 3-39　图形参数修改

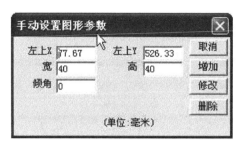

图 3-40 图形参数窗口

    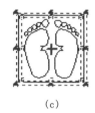

(a)　　　　　　　(b)　　　　　　　　(c)

图 3-41 框选图形

(4)点击左键将矩形框和脚印全部框选上[图 3-41(b)],红色虚线框应该有两个[图 3-41(c)]。用方向键控制,将两个图形同时移至版面的左下角,尽量使左边和下边接近版面边框(图 3-42)。点击软件界面上方图标"",将图形拉框放大。点右键取消此命令(图 3-43)。

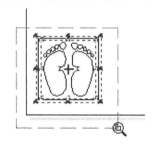

图 3-42 图形移动至左下角　　　图 3-43 拉框放大

(5)可以继续用方向键调整图形接近版面边框(节省材料)。点击软件右侧"　"对齐按钮,软件下方出现对齐工具栏。点击"　"竖直中线对齐按钮和"　"水平中线对齐按钮,使脚印图形与矩形框上下左右对称(图 3-44)。

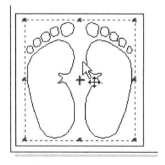

图 3-44 两个图形对齐

(6)左键点击版面空白处,取消框选的两图形,两条红色虚线框消失。点击脚印,选中后会出现一条红色虚线框。注意出现虚线框的位置和条数。如果选错请重复第(6)步。选对后可以点击软件上方"2D"计算雕刻路径按钮。弹出"二维雕刻方式"窗口,雕刻深度为0.2,雕刻方式选择"水平铣底",刀具下拉条选"平底刀:刀径[3.00]角度[10.00]刃宽[0.2]"。二次加工方式选"勾边",刀具选择同上,确认(图3-45)。

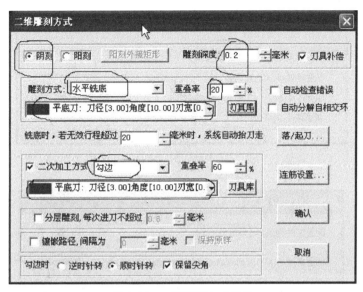

图3-45 二维雕刻方式菜单

电脑会计算出雕刻脚印的刀具路径。绿色为水平铣底路径,红色边缘为勾边路径(图3-46)。

(7)点击版面空白处取消虚线框,将鼠标移至矩形框边线内侧附近,点击左键可选中矩形框。此时在矩形框外出现虚线框。如果选错了可重复以上操作(图3-47)。点击软件上方"割"按钮,弹开"割字"窗口。刀具选择同上,雕刻深度为1.7,勾边时用"顺时针",确认。此时在矩形框上会出现一条极细的绿色切割路径。(图3-48)

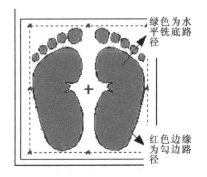

图3-46 刀具路径

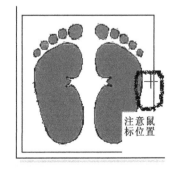

图3-47 选择矩形外框

(8)点击软件上方"BG"按钮,出现保存窗口。点击"查找"将文件命名且存入指定目录下。注意文件的后缀为".nc",抬刀距离为5,输出距离为"由浅到深",确认。以后就能用 nc 加工软件操作机床加工了(图3-49)。

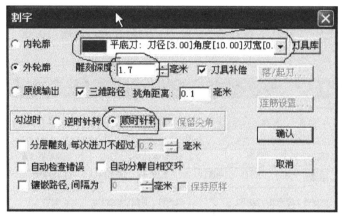

图3-48 割字窗口

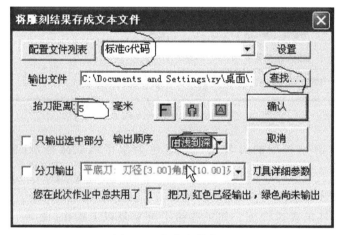

图3-49 保存文件窗口

注:可以总结出来"2D"计算雕刻路径和"割"按钮两者的区别,如果对一个矩形分别执行上面两个命令可以发现区别在于:前者是刀具走"之"字形将矩形全部铣掉,而后者是刀具沿着矩形边线加工,如图3-50所示。

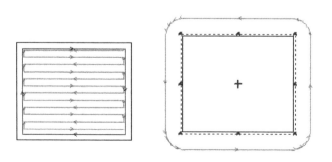

图3-50 "2D"与"割"命令的区别

3.3.3 数控雕刻操作步骤

(1)准备文件。将要切割的材料装夹在工作台上,将刀具安装于电主轴中,打开机床电源。

(2)打开文件。在电脑菜单中打开" "软件,进入"NcStudio 广告雕刻机控制系统"界面。单击"文件"菜单下的"装载"命令,再单击"文件"菜单下的"打开并装载"。找到自己保存的.nc 文件名打开。点击"主轴旋转"按钮"on",主轴开始旋转(注意加工时刀具、主轴旋转,否则会出现断刀)。

(3)调整主轴转速、进给速度的参数(图 3-51)。

(4)仿真。按"F8"仿真检查程序运行情况。如果图形太小或太大,可先用鼠标点击图形窗口,再利用数字键盘的"+"放大或"-"缩小、"Home"居中。

(5)对刀。实际加工时先点击软件界面的"手动"按钮,键盘数字键分别控制主轴 X、Y、Z 方向。此时选择"连续"挡。先移动 X、Y 方向到适当的位置,再开始 Z 方向对刀,由大到小从"1mm""0.5mm""0.1mm"…,使刀具逐渐接近材料表面。再检查一下确认刀具已经旋转,继续接近材料表面直到轻微地划出痕迹。

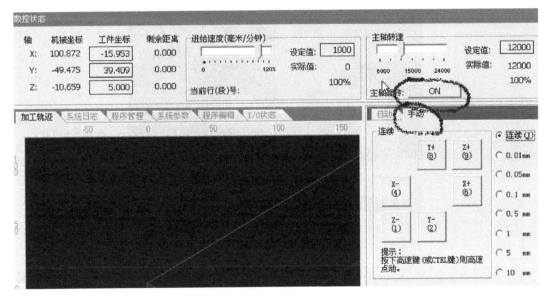

图 3-51 操作界面

(6)清零。此时可以点击软件上方的" "图标,使 3 个坐标清零。

(7)加工。再选取"5mm"挡使 Z 轴向上抬刀 5mm(按"Z+")。按 键或"F9"开始加工。

(8)加工结束后取出工件。

3.4 实习报告

1. 专业英语翻译

Types of Machining Centers

Although there are various designs for machining centers, the two basic types are vertical spindle and horizontal spindle, many machines are capable of using both axes. The maximum dimensions that the cutting tools can reach around a workpiece in a machining center is known as the work envelope.

Vertical-spindle machining centers, or vertical machining centers, are suitable for performing various machining operations on flat surfaces with deep cavities—for instance, moud and die making. A vertical-spindle machining center, which is similar to a vertical spindle milling machines, is shown in Figure 3-52. The tool magazine is on the left of the figure and all operations and movements are directed and modified through the computer-control panel on the the right.

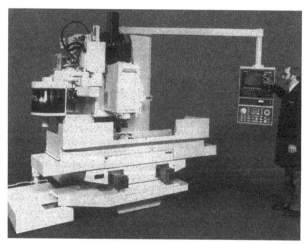

Figure 3-52 A vertical-spindle machining center, The tool magazine is on the left of the machine. The control panel on the right can be swiveled by the operator

Because the thrust forces in vertical machining are directed downword, such machines have high stiffness and produce parts with good dimensional accuracy. These machines are generally less expensive than horizontal machines.

Horizontal-spindle machining centers, or horizontal machining centers, are suitable for large as well as tall workpieces that requires machining on a number of their surfaces. The panel can be swiveled on different axes (Figure 3-53) to various angular positions.

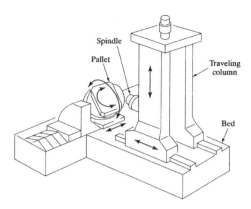

Figure 3-53 Schematic illustration of a five-axis machining center. Note that in addition to the linear movements, the pallet can be swiveled (rotated) along two axes, allowing the machining of complex shapes

2. 用 Φ12 立铣刀完成如图 3-54、图 3-55、图 3-56、图 3-57 所示零件的外轮廓加工程序编制（切削深度 2mm），并模拟加工运行。

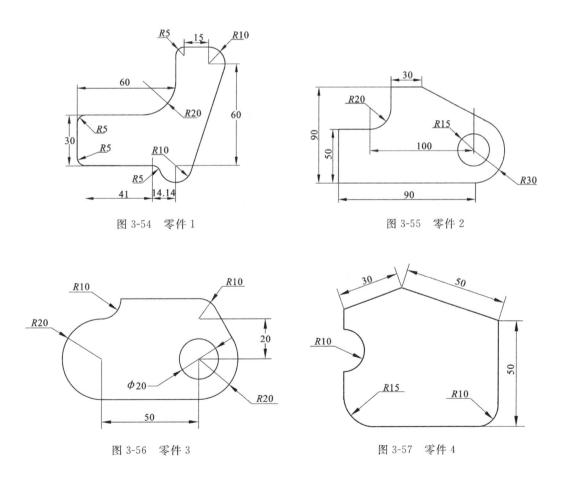

图 3-54　零件 1　　　　　　　　　　　图 3-55　零件 2

图 3-56　零件 3　　　　　　　　　　　图 3-57　零件 4

3.用直径12mm的铣刀加工如图3-58所示的外轮廓,图形为对称图形,凸块厚度为2mm。要求采用镜像功能编程。

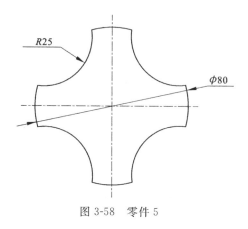

图3-58 零件5

4.用直径10mm的铣刀加工5个槽(图3-59),要求采用旋转功能编程。

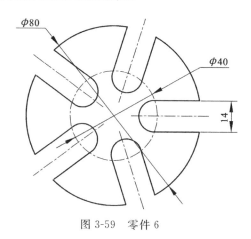

图3-59 零件6

第 4 章 Mastercam 基本操作

4.1 Mastercam 简介

Mastercam 是美国 CNC Software 公司研制开发的 CAD/CAM 系统。Mastercam 包括三大模块,即 DESIGN、LATHE 和 MILL,它是一套兼有 CAD 和 CAM 功能的套装软件。Mastercam 作为基于 PC 平台开发的 CAD/CAM 软件,虽然不如工作站软件功能全、模块多,但就其性能价格比来说更具灵活性。Mastercam 对硬件要求较低,且具有操作灵活、易学易用的特点,能使企业很快见到效益。可以在 Windows 98、Windows 2000 和 Windows NT 等操作环境下运行,Mastercam 由于其价格相对较低,又是 PC 平台下的应用,硬件投入小,所以有着巨大的发展潜力。Mastercam 的当前最新版本是 9.X,目前较为常用的是 8.0 版本,在操作上总体区别不大。

> 提示:本书将以 Mastercam 9 中文版为蓝本进行讲述。

DESIGN 模块中不仅可以设计编辑复杂的二维、三维空间曲线,还能生成方程曲线,同时其尺寸标注、注释等也较为方便。在其曲面造型功能中,采用 NURBS、PARAMETRICS 等数学模型,有 10 多种生成曲面的方法,具有曲面修剪、曲面倒圆角、曲面偏移、延伸等编辑功能,还可以进行实体造型,同时提供了可靠的数据交换功能。在 Mastercam 中可以直接输入中文,并支持 Turetype 字体。

MILL 模块主要用于生成铣削加工刀具路径。Mastercam 支持 2 轴、3 轴、4 轴和 5 轴加工程序的编制,可以直接加工曲面及实体,提供多种刀具路径形式和走刀方式。同时还提供了刀具路径的管理和编辑、路径模拟、实体加工模拟和后处理等功能,Mastercam 可以直接与机床控制器进行通信。LATHE 模块主要用于生成车削加工刀具路径,可以进行精车、粗车、车螺纹、径向切槽、钻孔、镗孔等加工。在最新的 9.0 版本中,还有 WIRE 线切割加工模块与 ROUTER 冲床加工模块。MILL 铣床模块和 LATHE 车床模块中包含 DESIGN 设计模块。

Mastercam 的 MILL 模块支持 2 轴铣床加工系统、3 轴铣床加工系统和多轴铣床加工系统。2 轴铣床加工包括外形铣削、口袋加工、钻孔、面铣削、全圆铣削等类型。3 轴铣床加工包括多重曲面的粗加工、精加工,另外还有多轴加工和线架加工。线架加工相当于选用线架进行造型的方法造出曲面来进行加工。Mastercam 支持多轴加工,包括 4 轴或 5 轴机床上加工,曲面加工系统可用来生成加工曲面、实体或实体表面的刀具路径。大多数曲面加工都需要通过粗加工和精加工来完成,Mastercam 共提供了 8 种粗加工和 10 种精加工类型。

提示:Mastercam MILL 模块中包含了 DESIGN 模块的所有内容,在本书中所指的 Mastercam 软件即为 Mastercam 的 MILL 模块。

4.2　Mastercam 的启动和退出

4.2.1　Mastercam 的启动

(1)从开始菜单中启动 Mastercam。用鼠标依次单击开始→所有程序→Mastercam 9→Mill 9,如图 4-1 所示,可以打开 Mastercam 的铣床加工模块。

图 4-1　启动 Mastercam 主菜单

提示:在首次启动 Mastercam 的某一模块时,系统首先会打开如图 4-2 所示的 Mastercam 对应模块的协议文件,阅读完软件许可协议,关闭该协议。并选择"以后不再提问"("Don't ask this quest again"),单击 YES 按钮接受该协议。即可进入 Mastercam 的对应模块的软件界面。

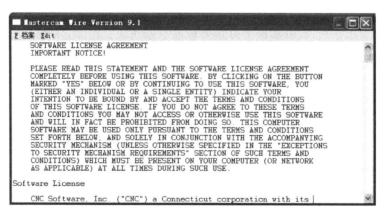

图 4-2　Mastercam 对应模块的协议文件

(2)从桌面快捷方式启动 Mastercam。Mastercam 9 在安装后将自动在桌面创建 5 个快捷图标,双击快捷图标,可以启动对应的模块。如要进入铣床模块,可以双击 Mill 9 的图标。

(3)单击 MC9 文件打开 Mastercam。在资源管理器中,直接单击后缀名为 MC9 的文件,系统将打开 Mastercam 软件,并直接打开该文件模型。

提示:如果当前已经打开了一个 Mastercam 窗口,则会出现一个提示信息,询问是否继续打开。

4.2.2 退出 Mastercam

退出 Mastercam 的方法有 3 种:
(1)选择主功能表的文件→下一页→退出系统选项。
(2)直接单击 Mastercam 窗口中的"×"按钮。
(3)按 Alt+F4 快捷键。

不管采取哪一种退出方法,都会出现如图 4-3 所示的警告窗口,询问是否确实要退出 Mastercam。单击"是"按钮,确定退出。如果当前文件修改后还没有保存,系统将出现文件保存对话框,如图 4-4 所示。单击"是"按钮,保存文件并退出 Mastercam;单击"否"按钮,则不保存文件直接退出 Mastercam。

图 4-3　退出 Mastercam 提示

图 4-4　保存文件提示

4.3　Mastercam 的操作界面

典型的 Mastercam 操作界面如图 4-5 所示,Mastercam 的操作界面可以进行个性化的定制。另外在操作时界面上可能会按操作的具体情形弹出窗口,如使用鼠标右键会弹出快捷菜单;而在进行刀具路径编制时会弹出刀具路径参数设置表;在进行刀具路径管理时还会出现刀具路径操作管理器窗口。

Mastercam 的常规界面主要有以下几个部分。

1. 标题栏

标题栏在 Mastercam 工作界面的最上面,不同模块的标题栏也不同。如果已经打开了一个文件,则在标题栏中还将显示当前正在操作的文件的路径和文件名。

2. 工具栏

工具栏位于标题栏下面,它以简单直观的图标来表示每个工具的作用,单击图标按钮就可以启动相对应的 Mastercam 命令,相当于从菜单区逐级选择到的最后命令。

单击"→"或"←"按钮,可以显示其他的工具栏按钮。工具栏的按钮可以定制,即可以设置不同的命令和排列顺序。

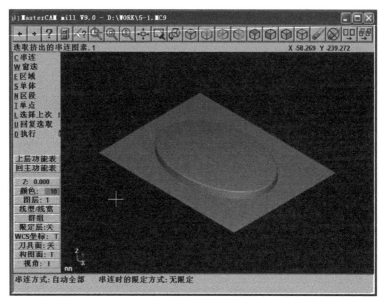

图 4-5　Mastercam 的操作界面

图 4-6　工具栏按钮提示

技巧：将鼠标指针停留在工具栏按钮上,将会出现该工具对应的功能提示,如图 4-6 所示。

3. 主功能菜单区

主功能菜单区在 Mastercam 工作界面的左上部,它包含了 Mastercam 软件的主要功能。启动 Mastercam 后,主功能菜单区显示的是主菜单,当选择主菜单中的某一选项后,由于 Mastercam 不像常见的 Windows 软件那样采用下拉菜单,所以该选项的子菜单直接显示在主功能菜单区,子菜单的下级选项同样也显示在主功能菜单区。

单击"回主功能表"将返回到主菜单,在操作时单击上层功能表或按 Esc 键,将返回到上一级菜单,一直按可以回到主菜单。

当一个菜单的功能项目在主功能表的一个屏幕中显示不下时,将在末尾显示"下一页"选项,单击"下一页"可以显示更多的功能按钮。

技巧：在主功能菜单区的功能选项中,每一个选项中都有一个标有下划线的字母,在键盘上按相应的字母即可选择该功能。

4. 次功能菜单区

次功能菜单区在 Mastercam 工作界面的左下部,用于设置当前构图深度、颜色、层、线和点的类型、群组、层标记、工具和构图平面以及图形视角等。这些设置将保留在当前的 Mastercam 应用过程中,直到改变设置或开始一个新的 Mastercam 应用。

5. 系统提示区

系统提示区在 Mastercam 工作界面的下部,用于显示信息或数据的输入,如显示当前的默认参数,要求输入数值等。如图 4-7 所示为画水平线时要求输入水平线所处的位置,即 Y 坐标。

图 4-7　Mastercam 的提示区

主菜单的上方工具栏的下方也会显示提示信息,这一提示信息提示在主功能菜单区选择相应的功能,或者进行某一操作。

6. 坐标轴标记

坐标轴标记在绘图区的左下角,用于显示当前绘图区的 X、Y、Z 坐标轴的方向,用户可以通过 System Configuration 对话框的 Screen 选项卡中的 Display view port XYZ axes 复选框来设置显示或隐藏坐标轴标记。在坐标轴标记之下还有单位标记,如 mm 表示以毫米为单位。

提示:显示的坐标轴标记大小与实际尺寸无关,其大小是固定的。

警告:该坐标轴标记并非坐标原点位置,只是表示视角方向。

7. 光标位置

光标位置显示在绘图区右上方工具栏的右下方,当在绘图区中移动鼠标时,系统将显示光标在当前构图面中位置的坐标。默认情况下,DESIGN 和 MILL 模块显示 X-Y 坐标,而 LATHE 模块显示＋DZ 坐标。

8. 绘图区

绘图区占据了屏幕的大部分空间,它是创建和修改几何模型以及产生刀具路径时的区域。

4.4　Mastercam 的基本操作

4.4.1　取消命令

Mastercam 取消命令的方法有以下 4 种:

(1)单击主功能菜单区的"回主功能表"选项,退出命令并返回尚未选择命令的状态,即最原始的空白路径状态,提示区出现"主功能表"的字样。

(2)单击主功能菜单区的 Back up 选项或按 Esc 键,返回上级菜单,退出当前命令。

(3)选择其他功能替代当前功能,即直接选择工具条的其他命令,系统会自动取消前一命令,并执行现在所选的命令。

提示:在 Mastercam 中,有些命令是"透明"命令,当在工具条上选择这类命令对应的工具按钮即使用该命令时并不会完全替代原先使用的功能,在完成该功能时将可以返回到原先所使用的命令。常用的透明命令包括视角设置、构图面设置、屏幕操作、删除、隐藏、改变颜色等。

(4)撤销操作。Mastercam 在命令操作时对于所做的错误操作可以进行回退取消,单击

工具栏中的 ↻ 按钮,可以将最近一次所绘制的图形取消或者将最近一次编修、转换操作取消。

警告:Mastercam 的 UNDO 命令只能在一个命令操作内使用,且只能取消前一步操作,而不能取消前一命令所绘制的图形或进行的转换、编修操作。

4.4.2 参数设置

Mastercam 的参数设置可以分成两种:一种是在主菜单及信息提示区上进行参数的设定;另一种是在弹出的对话框中进行参数的设定。

1. 主菜单参数设置

如图 4-8 所示为倒圆角 Fillet 的主功能菜单区的选项,而图 4-9 所示为信息提示区显示当前参数。通过主功能菜单区的参数项选择及在信息提示区参数的输入来完成参数设置。Mastercam 的参数交互形式有如下几种。

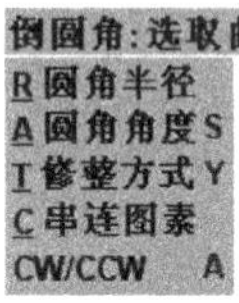

图 4-8 主菜单区的参数显示    图 4-9 信息提示区显示当前参数

本书观点:在进行操作前一般要先注意提示区的提示。在操作之前,最好先设置参数,因为这些参数将决定这个图像元素会如何绘出来,甚至影响下一步作图或编程的操作步骤。

(1)输入式参数。这一类型的参数主要用于与数值有关的参数输入。如图 4-8 所示的第 1 个参数半径值,选择该选项,将在提示区要求输入数值,如图 4-10 所示。此输入栏输入完后一定要按回车键,才会结束等待输入的状态。输入数值并确定后,在信息提示区将提示当前使用的半径值。

图 4-10 输入式参数

提示:凡是输入式参数,均可在输入数值时直接输入数学表达式,由系统直接将计算后的结果变成该参数的值。可以输入数学运算符号的加"+"、减"-"、乘"*"、除"/"、乘方"**"、括号"( )"等,如 100+(10/2)-20*2;也可以输入数学函数 SIN( )、COS( )、TAN( )、ASIN( )、ACOS( )、ATAN( )、COSH( )、TANH( );还可以输入函数 DEGREE( )、RADIAN( )、SQRT( )、INCH( )和常数 π 等。

技巧:在输入参数时,单击鼠标右键也可以完成参数输入的确认,在可以直接使用当前值的情况下,单击鼠标右键的方法更为快捷方便。

(2)开关式参数。此类型参数用到最多的就是 Y/N,单击该参数可以在两种选项间切换。

其更改选项的方法为移动反白区至此参数上,再单击鼠标左键即可反复切换,而当前显示在屏幕上的选项为作用中的选项。如图 4-8 中的参数选项"修整方式",表示是否进行修剪,参数值为 Y 时进行修剪,参数值为 N 时不修剪。

(3)选择式参数。此类型参数与开关式参数相似,但是其选项要超过两个。其更改选项的方法为移动反白区至此参数上,再单击鼠标左键即可循环切换,而当前显示在屏幕上的选项为作用中的选项,如图 4-8 中的参数选项"圆角角度",单击该选项有 3 个选择,分别是 L、S、F,它们分别表示倒圆角是大于 180°的圆弧、小于 180°的圆弧和全圆方式(360°圆弧)。

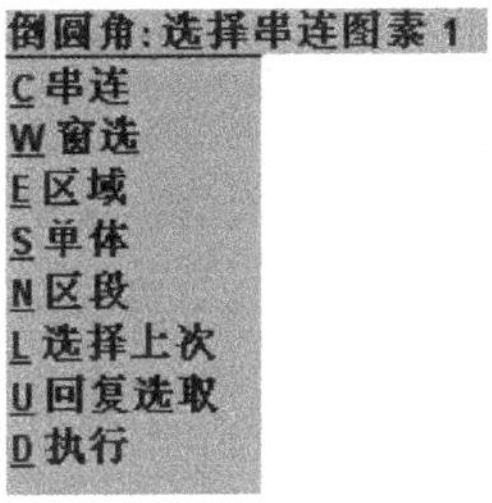

(4)弹出式参数。此类型参数将弹出一个新的菜单,就像图 4-8 所示的第 5 个参数"串连图素"一样,当选择它时,屏幕上会弹出一个新的菜单,如图 4-11 所示。选择该菜单中的选项后,还需要结合图形及提示区的提示进行新的设定。

图 4-11　选择"串连图素"子菜单

2. 对话框参数设置

Mastercam 在很多情况下使用对话框的方式进行参数的设置,对话框主要用于设置绘图或刀具路径生成时的各项参数。如图 4-12 所示为绘制外形加工刀具路径的对话框。

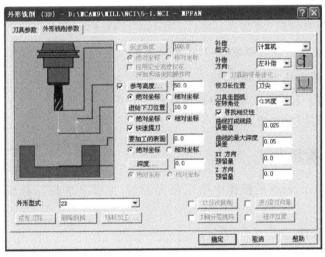

图 4-12　外形加工对话框

提示:当在屏幕上有弹出的对话框时,在关闭对话框之前,将不能进行其他操作,如在工具栏选择工具按钮,单击主功能菜单区的回主功能表等。

对话框的参数类型共有 5 种:

(1)单选按钮。表示在几个选项中只能选择一个。如图 4-12 中的各个高度参数之下都有两个选项,分别为"绝对方式"和"增量方式",其更改选项参数的方法为单击要选择的参数前的单选按钮。

(2)开关式选择。表示该选项是否被打开。其更改选项的方法为单击复选框。如图 4-12

中多刀切削"安全高度"选项当前未激活,而"参考高度"选项已被激活。

(3)下拉式参数。用于有多个选项,当选择这一类型的选项时,在该选项下将弹出一个下拉式菜单,可以在该菜单上选择一个参数。如图 4-12 中的参数"外形型式"表示轮廓切削类型参数,单击下拉式参数选项的选项或者是边上的小三角,都会弹出下拉选项,如图 4-13 所示。

(4)弹出式参数。该类型参数会弹出一个新的对话框,在对话框中进行参数设置。如图 4-12所示的参数"XY 分次铣削"多刀切削选项。当选择它时,屏幕上会弹出"XY 平面分次铣削设定"对话框,如图 4-14 所示。在该对话框中设定参数完成并确定后将返回到前面的对话框。

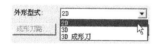

图 4-13　下拉式参数　　　　图 4-14　"XY 平面分次铣削设定"对话框

提示:对话框中选项上带有"…"的表示还有下级对话框。呈现灰色的选项表示当前尚未激活或者是当前条件下不能使用。

(5)输入式参数。直接在文本框中输入数值。如图 4-12 所示的"XY 方向预留量"选项,在后面的文本框中可以直接输入数值。

4.4.3　屏幕操作

屏幕操作在 Mastercam 的操作中使用极为频繁,主要是进行屏幕显示区的放大或缩小操作。

1. 工具栏屏幕操作工具

在 Mastercam 的工具栏中有如图 4-15 所示的按钮,用于进行屏幕操作。

图 4-15　屏幕操作工具按钮

(1)视窗放大　。利用方框选择要放大的显示区域方便用户观看,需注意的是此方框的对角线中心将会成为屏幕的新中心点。操作过程及提示区如图 4-16(a)和图 4-16(b)所示,得到的结果如图 4-17 所示。

第 4 章　Mastercam 基本操作

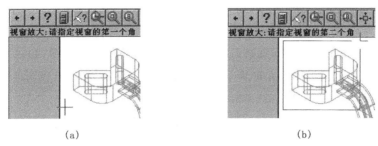

(a)　　　　　　　　　　　　(b)

图 4-16　视窗放大操作

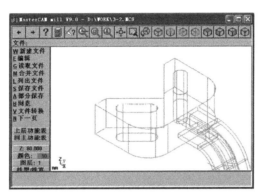

图 4-17　窗口放大结果

提示：窗口放大的视野大小由方框的两边充满整个视窗长边的边长决定。

(2) 缩小 。窗口缩小操作可以将当前屏幕的显示比例减小,以显示更大的范围和更多图形。单击"缩小"按钮,则有两种情况：当进行了视窗放大操作后,单击该按钮将使屏幕显示区缩小为原屏幕显示范围；如果没有进行过窗口放大操作,那么,单击该按钮将缩小显示比例,扩大显示范围。

提示：默认的缩小比例为 50%,缩放的中心点为屏幕的中心点。

(3) 缩小 0.8 。单击该按钮,将缩小显示比例,显示比例为原大小的 80%。这种方式常用在全屏显示后,缩小一定比例以方便图形元素的选择。

(4) 适度化全屏显示 。保持目前视角,按最大化显示,此时视角内图素将充满整个屏幕。

警告：全屏幕显示时,并不包括刀具路径。生成的刀具路径将可能部分并不在显示范围之内。

(5) 重画 。将当前屏幕按原大小重绘,可重整因删除图素或编修转换造成的画面垃圾。

2. 使用鼠标右键快捷菜单

在 Mastercam 的绘图区单击鼠标右键,将弹出如图 4-18 所示的快捷菜单,菜单上部显示的多为屏幕操作功能。快捷菜单中的窗口缩放、缩小、合适屏幕、重画等命令与工具条上对应的按钮具有相同的功能。

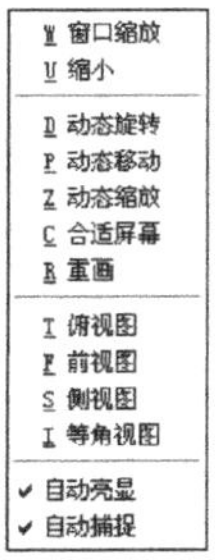

图 4-18　快捷菜单

4.4.4 图形视角

可以通过图形视角的设置来观察三维图形在某一视角的投影视图,如将图形视角设置为俯视图,则三维图形在屏幕上表现为俯视图,即从上往下看投影视图。

1.标准视角

图形视角表示的是当前屏幕上图形的观察角度,但用户所绘制的图形不受当前视角的影响,而是由构图平面和工作深度确定。图形视角的设置方法为:单击如图 4-19 所示的工具条按钮,来设置俯视图 TOP、前视图 FRONT、侧视图 SIDE、等角视图 ISO 等图形视角。这些是最常用的视角方向,其示意图如图4-20所示。

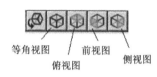

图 4-19 视角方向

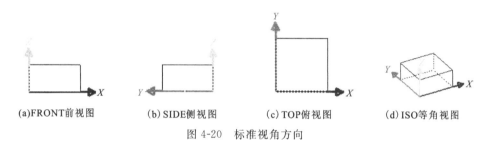

(a)FRONT前视图　　(b) SIDE侧视图　　(c) TOP俯视图　　(d) ISO等角视图

图 4-20 标准视角方向

2.动态旋转视图

单击工具栏中的 按钮,可以进行视角的动态变换。动态地改变(包括旋转、缩放、平移等动作)当前的屏幕画面,提示区如图 4-21 所示。

(1)旋转:按 D 键,选择屏幕上一点之后便可移动鼠标,观看旋转图形的结果。此选项为系统默认值。

(2)缩放:按 Z 键,选择屏幕上一点之后便可移动鼠标,观看缩放图形的结果。

(3)平移:按 P 键,选择屏幕上一点之后便可移动鼠标,观看平移图形的结果。

停止请按鼠标键或按 D 动态旋转,Z 缩放,或 P 平移

图 4-21 动态改变提示

3.快捷菜单

单击鼠标右键打开快捷菜单,如图 4-18 所示,可以直接单击动态旋转、动态移动、动态缩放选项进行视角旋转或者显示的大小位置变化,也可以单击视角方向直接切换到标准视角方向。

动态旋转、动态移动、动态缩放的功能其实是一样的,都对应于工具栏的动态旋转按钮 ,只是其默认的状态不同。动态移动相当于选择了 P 键,动态缩放相当于选择了 Z 键。

警告:进行动态移动时,并不是移动图形,只是移动其显示的位置。同样进行动态缩放或者动态旋转,也不是将图素进行比例缩放或旋转,只是调整屏幕显示范围的大小。相当于用一个照相机从不同位置、不同焦距、不同角度来观察拍摄对象。

技巧:可以使用键盘快捷键进行屏幕显示的调整操作,包括使用箭头键←、→、↑、↓向指定方向左、右、上、下进行平移。使用 Page Up 和 Page Down 键进行动态缩放。

4.4.5 构图面设置

在 Mastercam 中引入构图平面的概念是为了能将复杂的三维绘图简化为简单的二维绘图。构图平面是用户当前要使用的绘图平面,与工作坐标系平行。设置好构图平面后,则绘制出的所有图形都在构图平面上,如将构图平面设置为俯视图,则用户所绘制出的图形就产生在平行于水平面的构图面上。

构图平面的设置方法为:

(1) 单击如图 4-22 所示的按钮来设置俯视图 TOP、前视图 FRONT、侧视图 SIDE、空间视图 ISO 等构图面。

(2) 选择次功能菜单中构图面 Cplane 选项,然后在如图 4-23 所示的构图面菜单中选择所需构图面定义方法来设置构图面。构图面选项的参数含义如表 4-1 所示。

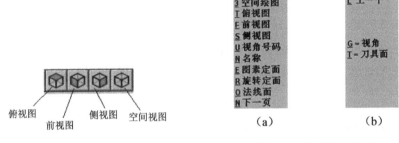

图 4-22 构图平面按钮   图 4-23 构图平面选择

表 4-1 构图面设置菜单选项说明

选项	含义
空间绘图	在三维空间直接绘制三维图形,可用于绘制空间点、直线、圆弧和曲线。设置好空间绘图构图面后,可捕捉点直接绘制出空间曲线
俯视图	设置俯视图为构图面,视角号码为 1
前视图	设置前视图为构图面,视角号码为 2
侧视图	设置侧视图为构图面,视角号码为 5
视角号码	用系统内定的视角号码来确定构图面。1 表示俯视图,2 表示前视图,3 表示后视图,4 表示仰视图,5 表示右视图,6 表示左视图,7 表示等角视图,8 表示轴测视图,9 表示自定义视图

续表 4-1

选　项	含　义
名称	在原有的已存储的构图面中进行选择
图素定面	通过1个二维的圆弧、曲线或2条直线，3个点来确定构图面，也可以通过直接选择的实体的表面来确定构图面
旋转定面	将目前的构图面旋转一个角度来确定新的构图面
法线面	由已知的一条空间直线来确定构图平面，此平面垂直于所选择的直线，即该直线的法线面
上一个	选择上次设置的构图平面
=视角	设置一个与当前视角面一致的构图面
=刀具面	设置构图面与刀具平面一致，如果刀具平面为关，那么构图面将设置成3D

💡**提示**：当设置的构图面与视角平面不一致而是相垂直时，若进行绘图操作，系统会弹出如图4-24所示的警告提示，此时必须调整视角平面或者是构图平面才能进行下一步操作。

⚠**警告**：当改变图形视角，选择某一标准视角方向后，当前的构图面也将发生相应的变化，变成与图形视角一致的方向。尤其需要注意的是，将图形视角改成"ISO 空间视图"时，构图面将变成"TOP 俯视图"。

图 4-24　构图面与屏幕视角相垂直警告

4.4.6　显示设置

显示设置用于设置几何对象在绘图区的显示方式，包括曲面实体显示设置、多视区显示设置和隐藏显示等命令。

1. 曲面显示

选择主菜单中的"屏幕"→"曲面显示"选项，系统在主功能菜单区弹出曲面显示子菜单，如图4-25所示。在系统提示区显示出当前曲面显示的设置值，如图4-26所示。曲面显示子菜单的各个选项含义如下。

图4-25　曲面显示菜单　　　图 4-26　当前曲面显示参数

（1）显示背景。设置曲面背面线框的显示颜色：当设定为 Y 时，曲面背面线框的显示颜色为"背面颜色"选项设置的颜色，如图 4-27(a)所示；当设置为 N 时，曲面背面线框的显示颜色与曲面前面线框的显示颜色相同，为该曲面的颜色，如图 4-27(b)所示。

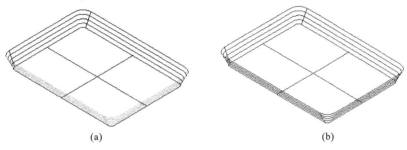

图 4-27　曲面背面颜色显示

提示：当视角发生变化时，背面的曲面也会随之发生变化。即原先为正面的曲面可能转变为背面的曲面，而原先为背面显示的曲面也可能转变为正面的曲面。

（2）背面颜色。设置背面线框的颜色。只有在"显示背景"选项设为 Y 时才有该选项。

（3）显示密度。设置曲面显示时线框的数量。如图 4-28(a)所示为显示密度＝1 时的曲面显示状态，而如图 4-28(b)所示为显示密度＝2 时的曲面显示状态，可以看到其显示的线框要密得多。

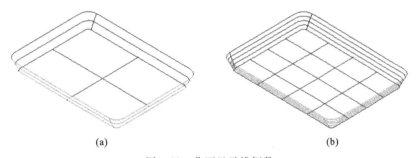

图 4-28　曲面显示线框数

（4）全部曲面。由于在绘图区不同曲面可以设置不同的显示线框数量，当设置了新的显示密度后，若选择该选项，绘图区内所有曲面均以该设置值显示。

（5）选取曲面。当设置了新的显示密度后，选择该选项，可以在绘图区中选择以新设置值显示的曲面，未选择的曲面显示方式不变。

2. 着色显示

着色显示可以更直观地显示一个图形。对于三维造型的曲面和实体而言，着色显示有很强的立体感，可以产生某些产品的真实外形的感觉。单击曲面显示选项中的"着色"选项或者单击工具栏中的 ● 按钮，系统将弹出如图 4-29 所示的"着色设定"对话框。选中"使用着色"复选框后，系统将对曲面按设置参数进行着色显示，如图 4-30 所示为着色显示的曲面示例。

图 4-29 "着色设定"对话框

图 4-30 着色显示图形

该对话框中的"要着色的曲面"选项组用于设置着色的曲面和实体,"颜色的设定"选项组用于设置着色的颜色,"参数"选项组用于设置着色显示参数,包括公差、灯光、透明设置等。

提示:对于线架和各种曲线,着色显示将不起作用。

技巧:使用 Alt+S 组合键可以快速地进行着色显示与线框显示的切换,无需进行着色参数的设置。

4.4.7 点的指定

在绘图和编程过程中,经常要用到指定点,如绘制直线时需要指定端点,绘制圆时需要指定圆心,钻孔时需要选择钻孔点,设置构图面深度时也可以在图形上选择点。点的构建常用于定义图素的位置,如直线的端点、圆弧的圆心点等。在需要指定点时,都会出现如图 4-31 所示的抓点方式菜单,可以选取其中某项来构建所需要的点。

提示:在抓点方式菜单中反白显示的选项为当前已选项。可以使用在抓点方式指定选项的办法来确定。在绘图区移动光标时,若接近某一特征点,系统将会自动捕捉到该点,并在抓点方式菜单中显示点的类型。这是由于 Mastercam 使用了自动捕捉功能,如果不需要该功能,可以单击鼠标右键打开快捷方式菜单,如图 4-32 所示,选中"自动捕捉"命令将其关闭。

图 4-31 抓点方式菜单

图 4-32 快捷菜单

(1) 原点:在当前工作坐标系原点位置产生点,必须要有坐标系显示才可,其示意图如图 4-33 中的 U 点。

(2) 圆心点:圆弧、圆或圆锥曲线的圆心点。单击有中心点的曲线即可,其示意图如图 4-33 中 C 点。

(3) 端点:在曲线的端点位置上画点。曲线有两个端点鼠标移到曲线某一端附近单击即可,其示意图如图 4-33 中的 $E1$、$E2$ 点。

(4) 交点:在两曲线的交点位置上产生点。先后单击两条曲线即可,其示意图如图 4-33 中的 I 点。

(5) 中点:在曲线的中点位置绘出一点,将鼠标移到该曲线上单击即可,其示意图如图 4-33 中的 $M1$、$M2$ 点。

(6) 存在点:选取已经存在的点,在该点位置上再生成一点。

(7) 选择上次:上一次选择的点。

(8) 相对点:相对于已知点一定距离的点。相对点不能单独使用,必须配合其他建点模式一起使用,如图 4-33 中的 DC 点为相对于圆心 C 点,相对值为"20,0"。

(9) 四等分位:选择一段圆弧分成 4 等份,最靠近鼠标位置的等分点,其示意图如图 4-33 中的 CL 点。

(10) 任意点:在屏幕上建立任意点(位于工作平面上)。移动鼠标在屏幕上单击即可,其示意图如图 4-33 中的 S 点。

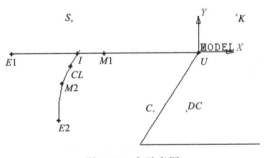

图 4-33 点示意图

指定点的位置,还可以通过键盘直接输入点的坐标值,输入时必须先输入 X 坐标,加一逗号,再输入 Y 坐标值,如图 4-33 中 K 点的输入坐标为"20,20"。也可以输入 X 加 X 坐标,Y 加 Y 坐标,在其中不需要加逗号,如 X20Y20。

提示:可以直接输入 3 个坐标,如"30,120,50"或者"X30Y120Z50"生成一个在三维空间内的点。

提示:在绘图或编程操作中,当需要指定点的位置时,以指定点的方式进行点的指定,将不产生点这个图素。

4.5 物体选择

为了更快捷地选择所需要的对象,在图形编辑过程中,Mastercam 经常要调用如图 4-34 所示的对象选择菜单来进行对象的选择(某些命令只包含其中的一部分选项),以下对各个选项作出说明。

1. 直接选择

当系统提示选择对象时,可以使用鼠标依次单击要选择的对象上的任一点来选择该对象。

✉技巧:可以同时按下鼠标的左右键,将鼠标移到要选择的对象上来完成对象的选择。

✉技巧:在选择对象时,建议设置对象的高亮显示特性,这样在采用快速选择方法进行对象的选择时只有高亮显示的对象被选择。用户可以在绘图区单击鼠标右键,在如图 4-35 所示的快捷菜单中选择"自动亮显"命令。

图 4-34　物体选择菜单　　　　图 4-35　选择"自动亮显"命令

2. 回复选取

回复选取选项用来取消对已选择对象的选择,用取消选择的方法来将已选择的图像元素变成未选择的图像元素。选择要取消选择几何对象的方法与选择几何对象的直接选择的方法相同,当完成取消选择操作后,按 Esc 键或者单击返回上一层菜单,返回物体选择子菜单。

✉技巧:在某一图形区域中,当大部分的对象需要选择,而只有几个对象不需选择时,可以先用窗选方式或者用选择所有的方式将所有对象选择上,再用取消选择的方法将几个不需要选择的对象排除掉,这样要比直接选择快得多。

3. 串连

串连选项用于选择一组被串连在一起的对象,选定对象后,可按 Esc 键返回,例如图 4-36 中若采用直接选择方法进行选择时,则仅能选择底边的一条直线,如图 4-36(a)所示;若采用串连方式选择直线时,可同时选择直线和与其相连的圆弧及直线段,如图 4-36(b)所示(图中浅色线表示已选对象)。可自动链接轮廓曲线,将一连串相连的轮廓曲线选择,直到有断点为止。

⚠ **警告**：当提示区提示"选择串连物 2"时，如图 4-37(b)所示，其菜单选项中的"换向""选择起始点""回复选取"选项都是针对第 1 个串连的参数设置，而非针对第 2 个串连。

系统用一个尾部带十字的箭头显示出串连的起点和方向，可以选择换向来改变串连的方向，对于开放串连，串连起点为串连的一个端点，如图 4-38(a)所示；可以选择换向来改变串连的方向及起点位置，如图 4-38(b)所示。当串连为封闭串连时，串连的起点为某一组成串连几何对象的一个端点，即仅改变方向。

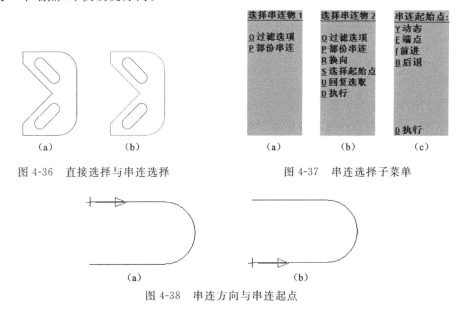

图 4-36　直接选择与串连选择　　　　图 4-37　串连选择子菜单

图 4-38　串连方向与串连起点

在如图 4-37(b)所示的串连选择子菜单中，选择"选择起始点"选项，将出现如图 4-37(c)所示的串连起始点选项菜单，同时在前一条串连线中将显示串连方向和串连起点，如图 4-39(a)所示；可以使用"前进"选项来按串连方向向前移动串连的起点位置，如图 4-39(b)所示；可以选择"后退"选项向后移动串连的起点位置，如图 4-39(c)所示；也可以采用"动态"选项，移动光标到串连线上的任一点作为串连起点，如图 4-39(d)所示；还可以选择"端点"选项，直接指定一个曲线的端点作为串连起点，如图 4-39(e)所示。

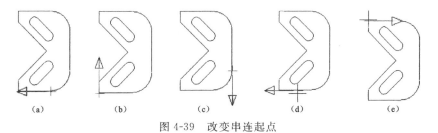

图 4-39　改变串连起点

在选择串连时，选择部分串连，可以进行部分串连选择。系统提示"部分串连：选择第一个图素"时，单击轮廓线中要自动链接的起始图像元素，确定第 1 条轮廓线，如图 4-40(a)所示。在轮廓上将出现两个箭头。提示区显示"部分串连：选择最后图素或"，单击轮廓线中要自动连接的终止图像元素,如图 4-40(b)所示。图形中从起始曲线到最后曲线之间的所有曲线将被自动串连选择。

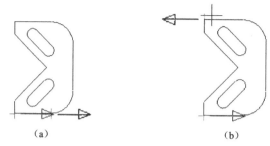

图 4-40　限制串连

4. 窗选

窗选选项通过定义一个选择窗口来选择对象,选择"窗选"选项后,在主功能菜单区显示如图 4-41 所示的子菜单。窗口可以是"矩形"的也可以是"多边形"的,当某选项后带有"＋"号时表示选择了该选项,并在系统提示区显示出当前窗口的设置类型。当选择"矩形"选项时,窗口类型为矩形,需要指定两个对角点来确定一个矩形;当选择"多边形"时,窗口类型为多边形,可以指定任意个点组成一个封闭的选择范围。

在窗口选择子菜单中,选择范围选项有 5 种方式,下面结合图 4-42 进行说明,在绘图区中以点 $P1$ 和 $P2$ 组成的矩形窗口选择物体:

(1)视窗内。被选择的对象为窗口内的所有对象,对图 4-42 中用矩形进行窗选时,所选的对象为圆弧。

(2)范围内。被选择的对象为窗口内的所有对象及与选择窗口相交的所有对象,对图 4-42 中用矩形进行窗选时,所选的对象为圆弧和直线。

(3)相交物。被选择的对象为与选择窗口相交的所有对象,对图 4-42 中用矩形进行窗选时,所选的对象为直线。

(4)范围外。被选择的对象为窗口外的所有对象及与选择窗口相交的所有对象,对图 4-42 中用矩形进行窗选时,所选的对象为圆和直线。

(5)视窗外。被选择的对象为窗口外的所有对象,对图 4-42 中用矩形进行窗选时,所选的对象为圆。

图 4-41　窗口选择子菜单

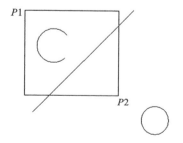

图 4-42　窗口选择范围示意

"限定图素"选项用来设置可被选择的对象类型或属性,它与仅限于选项相类似。

☀提示:所指定的窗口与作图平面无关,凡屏幕上显示的图素,不管其位于哪一个平面或不在一个平面内均可以被选择。

5. 区域

区域选择通过选择封闭区域内的一点来选择对象。采用区域选择时,必须在封闭的区域内选择一点,若选择的点不在封闭区域内,则系统自动返回物体选择子菜单。一般在绘制阴影线或选择挖槽加工几何对象时可以用此方法来选择封闭区域的组成轮廓线。如图4-43所示,在绘图中单击光标所在点位置时,会将外圈轮廓及内部两个键槽形的轮廓线全部选中。

6. 仅某图素

仅某图素选项用来选择某一特定类型属性的对象。该选项主要用于在对象密集的地方进行对象的选择。系统也提供了6种对象的类型(点、直线、圆弧、曲线、曲面和实体)及3种对象的属性(颜色、层和限定)供用户选择,其子菜单如图4-44所示。当选择了某一类型或属性后,只有该类型或属性的对象才能被选择,而其他类型的对象将不能被选择。

图4-43 区域选择

图4-44 仅某图素菜单

7. 所有的

所有的选项可用来选择所有某一特定类型或属性的对象。与仅某图素选项相同,系统也提供了6种对象的类型(点、直线、圆弧、曲线、曲面和实体)及3种对象的属性(颜色、层和限定)供用户选择。但这时可以选择物体来选择绘图区中所有的几何对象。

⚠警告:所有的选项选择所有对象,将屏幕区以外的具有相同类型或属性的对象也同时选择上。要注意不在屏幕上显示的对象是否需要选择。

8. 群组

群组选项用来选择当前设定为群组的对象。可以在群组对话框中选择群组列表中的一个或多个群组,单击"确定"按钮,系统即可选择各群组包含的所有对象。由于系统直接将最近一次转换操作的结果及该操作中选择的对象也作群组,所以可以使用该选择方式方便地选择上一次操作中选择或生成的对象。

当要选择上一次转换操作的结果时,除了使用"群组"选项外,也可以使用"结果"选项来直接选择。

☀提示:当使用"清除颜色"命令清除对象的颜色后,系统将自动取消最近一次转换操作的结果及该操作中选择的对象这两个群组。

技巧：对于复杂的图形,可以隐藏部分不需选择的图素,这样在选择时就可以快速处理,选择所需要的图素。

4.6 Mastercam 的次功能菜单

Mastercam 的次功能菜单中,提供了常用的设置对象属性命令,包括颜色、图层、线型/线宽等,还有构图面选项等参数的设置,如图 4-45 所示。

图 4-45 Mastercam 的次功能菜单

4.6.1 Z 深度设置(Z)

Z 深度设置用于设置所绘制的图形所处的三维深度,是设置的工作坐标系中的 Z 轴坐标。Mastercam 通过工作深度的设置来使用户可以在二维平面中绘制出具备有三维 Z 轴深度的图形。

构图平面与工作深度的关系如图 4-46 所示,输入不同的 Z 深度,则所绘制的图形在不同的与构图平面平行的平面上,其距离就是 Z 深度。如图 4-46(a)所示为顶视图,设置不同的 Z 深度:$Z=0$、$Z=50$,分别在同一位置输入 $Z=0$、$Z=50$,产生的图形在空间上处于不同的高度层,如图 4-46(b)所示。

图 4-46 Z 深度示意

Z 深度的设置方法:单击次功能菜单区中的 Z,直接从键盘输入数值,或者在屏幕选择已经存在的点来设定工作深度。

警告：当构图平面设为前视图或侧视图时,其指定的 Z 深度是指与工作平面垂直方向的距离,是 X 坐标或 Y 坐标,而不是 Z 坐标。

4.6.2 颜色

颜色的设置有利于区别图形中的不同组成部分,如在模具造型时将产品外形定义成一种颜色,而将分型面定义成另一种颜色,有利于查看和选择。

颜色设置可以通过次功能菜单区的"颜色"选项来设置,选择"颜色"选项,弹出的对话框如图 4-47 所示。

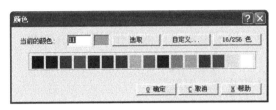

图 4-47 "颜色"对话框

"当前的颜色"文本框中的数字代表当前设定的颜色号,其值的范围为 0～255。用户可以直接输入颜色的色号来改变当前的颜色,也可以通过在下面的色板中选择需要的颜色。单击"选取"按钮,系统将返回到绘图区,在绘图区中选择一个对象,该对象的颜色将被定义为当前颜色。如果需要更多的颜色可以单击"16/256 色"按钮来显示 256 种颜色,还可以单击"自定义"按钮进行颜色的自定义设置。

4.6.3 图层

图层是一个非常重要的概念,进行图层的设置可以给用户提供图层管理的方法。它允许用户通过图层命名来给图层分类,还可以设置图层的可见与隐藏属性,并可以对图层中的图素进行锁定设置。

选择次功能菜单中的"图层"选项,可以打开如图 4-48 所示的"图层管理员"对话框。

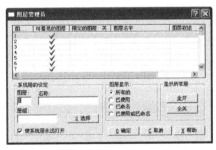

图 4-48 "图层管理员"对话框

在"图层管理员"对话框中列出了当前的所有图层,对于每一图层都有相应的操作,包括:

(1)可看见的图层。单击该单元格可以将该图层设置为可见或者是隐藏。在对话框中打有红色"√"的为可见图层,反之没有标记的图层为不可见图层。

(2)限定的图层。当设置了限制图层后,在进行对象选择时,只能选择限制图层的对象,但并不影响在其他图层中创建几何对象。每次只能设置一个限制图层。选择了限制图层后，在MASK后将标记当前限制层的编号。单击次功能菜单中的"限定"选项，也将打开"图层管理员"对话框，可以进行限制层的设定。

（3）图层名字。该选项用于给图层指定名称，指定名称有利于图层管理，特别是对于图形较复杂，图层数量较多的就更为必要。双击图层名字单元格，使单元格变成可编辑状态，可在单元格中输入图层的名称。

提示：在次功能菜单区显示的图层及图形元素属性所显示的图层都是图层序号，而非图层名字。

"系统层的设定"选项组用于设定当前的工作图层及其属性。设置主层的方法有以下几种：

（1）直接在"图层"文本框中输入图层号。
（2）在层列表中双击某一图层序号。
（3）在图层列表中单击右键，在弹出菜单上选择"设为主层"。
（4）单击"选择"按钮，在绘图区选择一个图素，将该图素所在的图层设定为主层。

"图层显示"选项组对图层进行过滤，Mastercam默认图层共有255个，实际使用中不大可能使用这么多的图层，使用列示图层设置可以只显示已使用的图层或者已命名的图层。

"显示所有层"选项组可以快速设置图层的可见性，使用"全关"按钮可以快速地将当前以外的所有图层设置为不可见，而使用"全开"按钮可以快速地将所有不可见的图层设置为可见。

提示：每个图形文件有且只有一个工作层，系统默认工作层为1。

4.6.4 线型/线宽

线型/线宽用于将常用的物体属性选项集中起来进行设置，可以在一个对话框中进行颜色、线型、线宽、图层、点的形式的设置。单击次功能菜单的"线型/线宽"选项，将弹出如图4-49所示的"更改属性"对话框。在属性对话框中可以选择颜色，或者直接输入颜色号设定颜色；可以直接输入图层序号或选择一个图层作为当前工作层。在线型和线宽及点的型式选项中选择一个选项。也可以单击"参考其他图素"按钮，选择一个已经存在图素，当前的所有属性都将参考该图素。

图4-49 "更改属性"对话框

4.6.5 群组管理

群组管理是将某些属性相同的几何对象设置在同一群组中,以方便对这些对象进行编辑、修改和删除等操作。

在次功能菜单中选择群组选项,弹出如图 4-50 所示的"群组设定"对话框,可以通过此对话框进行群组的设置和管理。

图 4-50 "群组设定"对话框

在对话框标题栏的下面,列出了当前的群组数量,在群组列表中列出了群组的名称。群组的设置和管理主要通过右边的按钮来实现。

4.6.6 工作坐标系设置 WCS

工作坐标系是在设置构图平面时所建立的坐标系。在工作坐标系中,不管构图面如何设置,总是 X 轴的正方向朝右,Y 轴的下方向朝上,Z 轴的正方向垂直屏幕指向用户。Mastercam 另有一个系统坐标系,它是固定不变的,满足右手法则。

单击 WCS,弹出"视角管理"对话框,如图 4-51 所示,可以从中选择一个系统设定好的坐标系作为当前工作坐标系。

图 4-51 "视角管理"对话框

💡 **提示**：Mastercam 绘图区左下角的 X、Y、Z 指的是系统坐标系的 X、Y、Z 轴,而在右上角坐标提示区中提示的 X、Y 坐标值是相对于用户坐标系的。

4.6.7 构图面设置与刀具面、视角

在 Mastercam 的次功能菜单上也有构图面、视角、刀具面 3 个选项,用于设置当前的构图面、视角和刀具面。在工具条设定了一些常用的标准的构图面和视角,当需要使用特定的构图面或视角时,就需要使用次功能表中的构图面和视角来作详细的选项选择。刀具面的指定方法与构图面是相同的,一般 3 轴加工中,刀具面应设置为俯视图。

4.7 Mastercam 的文件管理

Mastercam 9 的文件格式是专用的 MC9 文件,也可以直接打开 Mastercam 以前版本的文件,其后缀名为 MC8 或 GE3。而如果是通过其他软件造型所获得的数据文件,则需要进行转换。Mastercam 支持多种格式的数据转换,它可以直接读入 UG、PRO/E、CATIA、AutoCAD 等常用 CAD/CAM 软件格式的文件,同时提供通用数据转换格式的数据转换,如最常用的 IGES 格式、STEP 格式等。

文件选项的子菜单如图 4-52 所示,菜单分两页,常用的功能集中在第 1 页。

1. 新建文件

建立新文件时将清除屏幕上所有 Mastercam 9 的操作指令及图形数据,并返回到默认设置值。系统将提示"你确定要回复起始状态吗?",如图 4-53 所示。单击"否"按钮,系统将返回到当前文件的编辑状态。如果当前打开了一个文件,那么系统会提示是否保存当前文件。

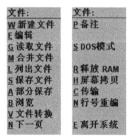
图 4-52 文件子菜单

图 4-53 新建文件提示

👤 **本书观点**：Mastercam 在新建文件时并不要求输入文件名,在保存或者退出时一定要注意。建议在新建文件后,先保存文件。

2. 读取文件

读取文件可以取出以前存储的 MC9 或以前版本的 Mastercam 文件。选择"读取文件"命令后,将打开读取对话框指定要选择的文件。打开文件方法与 Windows 其他应用软件打开文件的方法是一样的。选择合适的文件路径,再选择文件即可打开一个文件。

✉ **技巧**：单击预览按钮 ,则在下方将显示当前选择的文件的图形预览,如图 4-54 所

第 4 章 Mastercam 基本操作

示,可以确认选择的文件是否正确。

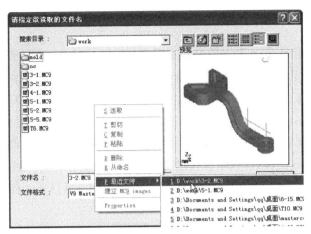

图 4-54 快速打开最近使用的文件

提示:打开一个文件时将关闭当前文件,如果当前文件作了更改而未存储,系统将提示你是否存储该文件。

提示:Mastercam 9 以前的版本使用不同的文件后缀,如 Mastercam 8 使用 MC8,而更低的版本使用 GE3 后缀名。对于以前版本的 Mastercam 文件,Mastercam 9 可以直接打开,但低版本的 Mastercam 软件不能打开高版本的文件。

技巧:在"请指定欲读取的文件名"对话框的"文件名"列表框中单击鼠标右键,在弹出的快捷菜单中选择"最近文件"选项,将列出最近使用的 MC9 文件,从中可以快速选择所需打开的文件,如图 4-54 所示。

3. 合并文件

合并文件用于调入一个文件,且合并到当前工作文件中。它与读取文件的区别在于,不清空当前的屏幕,而保留当前工作文件,并入文件后的工作环境设置也是按并入文件前的状态。而合并插入的文件将保留其原有的全部属性(如颜色、图层、线型/线宽、群组等)。

提示:合并文件插入的文件只能插入图形数据,不能将刀具路径等关联对象插入进来。

4. 保存文件

保存文件用于保存当前工作的图形文件。保存文件时,将把当前的所有图形(包括隐藏的图素)和所有的操作进行保存。选择保存文件命令,出现存档对话框,输入一个文件名后,单击"存储"按钮即可。如果该文件名已经存在,系统将提示是否删除旧的文件。单击 Y 按钮则现有图形代替原来的图形,单击 N 则要重新输入文件名。

提示:系统默认用原文件名保存文件,但即使是用原文件名保存文件,也需要进行替代文件的确认。

5. 部分保存

部分保存用于保存屏幕上的部分图素,相当于 AutoCAD 中的块存档。从文件菜单中选择"部分保存"命令后,出现物体选择菜单,在绘图区选择要保存的部分图素,完成后单击"执行"按钮即可。

6. 文件转换

Mastercam 的文件转换选项让用户引进其他 CAD/CAM 软件的图形文件到当前操作,也可以输出当前图形至一个文件,数据转换是与其他 CAD/CAM 软件进行数据交流的一个接口,Mastercam 可以读取或输出下列格式的文件:ASCII、CADL、DXF、DWG、IGES、NFL、XTL、VDA、SAT、Mastercam 旧版本的文件。从文件菜单中选择"文件转换"命令,即选择 File→Converters 选项后,出现如图 4-55 所示的数据格式选择菜单,可以看到 Mastercam 可以转换的各种数据格式文件,可以从中按需要选择一种数据格式进行转换。

对于每种格式文件都有 4 个选项,如图 4-56 所示为 IGES 格式文件转换的子菜单。

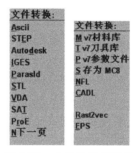

图 4-55　文件转换子菜单

(1)读取:读取一个其他格式文件至 Mastercam 的当前工作文件。

(2)写出:将屏幕上现存文件写成一种文档格式转换成其他软件的文件格式。

(3)批次读取:将一个目录中所有的文件,按格式转换成 MC9 格式。

(4)批次写出:将现在的文件格式(＊.mc9)批量转换成被选择的格式。

警告:通过数据转换转入的文件,只是在屏幕上打开该文件的图形,并没有保存,所以在退出时一定要注意进行文件的保存。

本书观点:对于数据转换工具中的其他选项,一般无需理会,这些高级的功能基本上是用不到的。如图 4-57 所示为读入 IGES 文件转换的选项参数对话框。

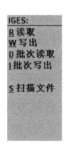
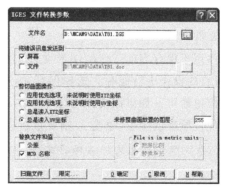

图 4-56　IGES 文件转换子菜单　　图 4-57　读入 IGES"文件转换参数"对话框

4.8 CAM 编程基础

4.8.1 CAM 编程的一般步骤

数控编程经历了手工编程、APT 语言编程和交互式图形编程 3 个阶段。交互式图形编程就是通常所说的 CAM 软件编程。由于 CAM 软件自动编程具有速度快、精度高、直观性好、使用简便、便于检查和修改等优点，现已成为目前国内外数控加工普遍采用的数控编程方法。因此，在无特别说明的情况下，数控编程一般是指交互式图形编程。交互式图形编程的实现是以 CAD 技术为前提的。数控编程的核心是刀位点计算，对于复杂的产品，其数控加工刀位点的人工计算十分困难，而 CAD/CAM 技术的发展为解决这一问题提供了有力的工具。利用 CAD 技术生成的产品三维造型包含了数控编程所需要的完整的产品表面几何信息，而计算机软件可针对这些几何信息进行数控加工刀位的自动计算。CAM 编程的基本过程及内容如图 4-58 所示。

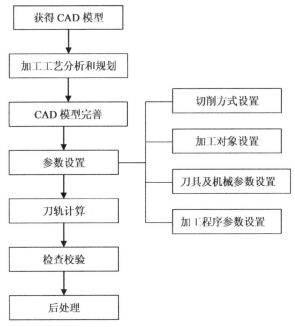

图 4-58　CAM 编程的一般步骤

1. 获得 CAD 模型

CAD 模型是 NC 编程的前提和基础，任何 CAM 的程序编制必须以 CAD 模型为加工对象进行编程。获得 CAD 模型的方法通常有以下 3 种：

（1）打开 CAD 文件。如果某一文件是已经使用 Mastercam 进行造型完毕的，或者已经做过编程的文件，重新打开该文件，即可获得所需的 CAD 模型。

（2）直接造型。Mastercam 软件本身就是一个功能非常强大的 CAD/CAM 一体化软件，具有强大稳定的造型功能,还可以设计曲面和实体的造型。对于一些不是很复杂的工件,可以在编程前直接造型。

(3)数据转换。当模型文件是使用其他的 CAD 软件进行造型时,首先要将其转换成 Mastercam 专用的文件格式(.mc9)。通过 Mastercam 的文件转换功能,可以读取其他 CAD 软件所做的造型文件。Mastercam 提供了常用 CAD 软件的数据接口,并且有标准转换接口,可以转换的文件格式有 IGES、STEP 等。

2. 加工工艺分析和规划

加工工艺分析和规划的主要内容包括:

(1)加工对象的确定。通过对模型的分析,确定这一工件的哪些部位需要在数控铣床或者数控加工中心上加工。数控铣的工艺适应性也是有一定限制的,对于尖角部位、细小的筋条等部位是不适合加工的,应使用线切割或者电加工来加工;而另外一些加工内容,可能使用普通机床有更好的经济性,如孔的加工、回转体加工,可以使用钻床或车床进行加工。

(2)加工区域规划。即对加工对象进行分析,按其形状特征、功能特征及精度、粗糙度要求将加工对象分成数个加工区域。对加工区域进行合理规划可以达到提高加工效率和加工质量的目的。

本书观点:在进行加工对象确定和加工区域规划或分配时,参考实物可以更直观地进行分析和规划。

(3)加工工艺路线规划。即从粗加工到精加工再到清根加工的流程及加工余量分配。

(4)加工工艺和加工方式确定。如刀具选择、加工工艺参数和切削方式(刀轨形式)选择等。

在完成工艺分析后,应填写一张 CAM 数控加工工序表,表中的项目应包括加工区域、加工性质、走刀方式、使用刀具、主轴转速、切削进给等选项。完成了工艺分析及规划可以说是完成了 CAM 编程 80% 的工作量。同时,工艺分析的水平原则上决定了 NC 程序的质量。

3. CAD 模型完善

对 CAD 模型作适合于 CAM 程序编制的处理。由于 CAD 造型人员更多的是考虑零件设计的方便性和完整性,并不顾及对 CAM 加工的影响,所以要根据加工对象的确定及加工区域规划对模型作一些完善。通常有以下内容:

(1)坐标系的确定。坐标系是加工的基准,将坐标系定位于适合机床操作人员确定的位置,同时保持坐标系的统一。

(2)隐藏部分对加工不产生影响的曲面,按曲面的性质进行分色或分层。这样一方面看上去更为直观清楚;另一方面在选择加工对象时,可以通过过滤方式快速地选择所需对象。

(3)修补部分曲面。对于由不加工部位存在造成的曲面空缺部位,应该补充完整。如钻孔的曲面,存在狭小的凹槽的部位,应该将这些曲面重新作完整,这样获得的刀具路径规范而且安全。

(4)增加安全曲面,如对边缘曲面进行适当的延长。

(5)对轮廓曲线进行修整。对于数据转换获取的数据模型,可能看似光滑的曲线其实也存在着断点,看似一体的曲面在连接处不能相交。通过修整或者创建轮廓线构造出最佳的加工边界曲线。

(6)构建刀具路径限制边界。对于规划的加工区域,需要使用边界来限制加工范围的,先构建出边界曲线。

4. 加工参数设置

参数设置可视为对工艺分析和规划的具体实施,它构成了利用 CAD/CAM 软件进行 NC 编程的主要操作内容,直接影响 NC 程序的生成质量。参数设置的内容较多,其中:

(1)切削方式设置用于指定刀轨的类型及相关参数。

(2)加工对象设置是指用户通过交互手段选择被加工的几何体或其中的加工分区、毛坯、避让区域等。

(3)刀具及机械参数设置是针对每一个加工工序选择适合的加工刀具并在 CAD/CAM 软件中设置相应的机械参数,包括主轴转速、切削进给、切削液控制等。

(4)加工程序参数设置包括对进退刀位置及方式、切削用量、行间距、加工余量、安全高度等进行设置。这是 CAM 软件参数设置中最主要的一部分内容。

5. 生成刀具路径

在完成参数设置后,即可将设置结果提交给 CAD/CAM 系统进行刀轨的计算。这一过程是由 CAD/CAM 软件自动完成的。

6. 刀具路径检验

为确保程序的安全性,必须对生成的刀轨进行检查校验,检查有无明显刀具路径、有无过切或者加工不到位,同时检查是否会发生与工件及夹具的干涉。校验的方式有:

(1)直接查看。通过对视角的转换、旋转、放大、平移直接查看生成的刀具路径,适于观察其切削范围有无越界及有无明显异常的刀具轨迹。

(2)手工检查。对刀具轨迹进行逐步观察。

(3)实体模拟切削,进行仿真加工。直接在计算机屏幕上观察加工效果,这个加工过程与实际机床加工十分类似。

对检查中发现问题的程序,应调整参数设置重新进行计算,再作检验。

7. 后处理

后处理实际上是一个文本编辑处理过程,其作用是将计算出的刀轨(刀位运动轨迹)以规定的标准格式转化为 NC 代码并输出保存。

在后处理生成数控程序之后,还需要检查这个程序文件,特别对程序头及程序尾部分的语句进行检查,如有必要可以修改。这个文件可以通过传输软件传输到数控机床的控制器上,由控制器按程序语句驱动机床加工。

本书观点:在上述过程中,编程人员的工作主要集中在加工工艺分析和规划、参数设置这两个阶段,其中工艺分析和规划决定了刀轨的质量,参数设置则构成了软件操作的主体。

4.8.2 数控加工刀具选择

在数控加工中,刀具的选择直接关系到加工精度的高低、加工表面质量的优劣和加工效率的高低。选用合适的刀具并使用合理的切削参数,将可以使数控加工以最低的加工成本、最短的加工时间达到最佳的加工质量。

模具数控加工中使用的刀具种类很多,下面对常用刀具的性能及选用加以介绍。

1. 刀具形状选择

加工中心上用的立铣刀主要有 3 种形式:球头刀($R=D/2$)、端铣刀($R=0$)和 R 刀($R<D/2$)(俗称"牛鼻刀"或"圆鼻刀"),其中 D 为刀具的直径,R 为刀尖圆角半径。某些刀具还带有一定的锥度 A。刀具形状的示意图如图 4-59 所示。

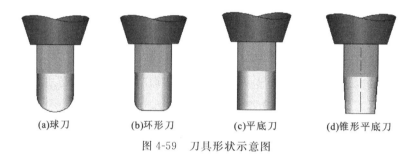

(a)球刀　　(b)环形刀　　(c)平底刀　　(d)锥形平底刀

图 4-59　刀具形状示意图

(1)平刀(平底刀、端铣刀)。粗加工和精加工时都可使用。平刀主要用于粗加工、平面精加工、外形精加工和清角加工。使用平刀加工要注意,由于平刀刀尖很容易磨损,可能影响加工精度。

(2)圆鼻刀(牛鼻刀、圆角刀)。主要用于模坯粗加工、平面精加工和侧面精加工,适合于加工硬度较高的材料。常用圆鼻刀圆角半径为 0.2~6。在加工时应该优先选用圆鼻刀。

(3)球刀(球头刀、R 刀)。主要用于曲面精加工,对平面开粗及光刀时粗糙度大、效率低。

以上为模具数控加工中常用的刀具,其他类型刀具使用较少。

2. 刀具材料选择

常用刀具材料为高速钢、硬质合金,非金属材料刀具使用较少。

(1)高速钢刀具(白钢刀)。高速钢刀具易磨损,价格便宜,常用于加工硬度较低的工件。

(2)硬质合金刀具(钨钢刀、合金刀)。硬质合金刀具耐高温、硬度高,主要用于加工硬度较高的工件,如前模、后模。硬质合金刀具需较高转速加工,否则容易崩刀。硬质合金刀具加工效率和质量比高速钢刀具好。

3. 刀具结构形式选择

常用硬质合金刀具有整体式和可转位式两种结构形式。

(1)整体式。铣刀的刀具整体由硬质合金材料制成,价格高,加工效果好,多用在光刀阶段。此类型刀具通常为小直径的平刀及球刀。

(2)可转位式。铣刀前端采用可更换的可转位刀片(舍弃式刀粒),刀片用螺丝固定。刀片材料为硬质合金,表面有涂层,刀杆采用其他材料。刀片改变安装角度后可多次使用,刀片损坏不重磨。可转位式铣刀使用寿命长,综合费用低。刀片形状有圆形、三角形、方形、菱形等,圆鼻刀多采用此类型,球刀也有此类型。

4. 加工不同形状工件的刀具选择

选取刀具时,要使刀具的尺寸与被加工工件的表面尺寸相适应。刀具直径的选用主要取决于设备的规格和工件的加工尺寸,刀具所需功率还应在机床功率范围之内。

生产中,平面零件周边轮廓的加工,常采用立铣刀;加工凸台、凹槽时,选择高速钢立铣刀;加工毛坯表面或粗加工孔时,可选镶硬质合金刀片的玉米铣刀;对一些立体型面和变斜角轮廓外形的加工,常采用球头铣刀、环形铣刀、锥形铣刀和盘形铣刀。

平面铣削应选用不重磨硬质合金端铣刀或立铣刀、可转位面铣刀。一般采用二次走刀,第一次走刀最好用端铣刀粗铣,沿工件表面连续走刀。选好每次走刀的宽度和铣刀的直径,使接痕不影响精铣精度。因此,加工余量大又不均匀时,铣刀直径要选小些。精加工时,铣刀直径要选大些,最好能够包容加工面的整个宽度。表面要求高时,还可以选择使用具有修光效果的刀片。在实际工作中,平面的精加工,一般用可转位密齿面铣刀,可以达到理想的表面加工质量,甚至可以实现以铣代磨。密布的刀齿使进给速度大大提高,从而提高切削效率。精切平面时,可以设置 6~8 个刀齿,直径大的刀具甚至可以超过 10 个刀齿。

加工空间曲面和变斜角轮廓外形时,由于球头刀具的球面端部切削速度为零,而且在走刀时,每两行刀位之间,加工表面不可能重叠,总存在没有被加工去除的部分,每两行刀位之间的距离越大,没有被加工去除的部分就越多,其高度(通常称为"残余高度")就越大,加工出来的表面与理论表面的误差就越大,表面质量也就越差。加工精度要求越高,走刀步长和切削行距越小,编程加工效率越低。因此,应在满足加工精度要求的前提下,尽量加大走刀步长和行距,以提高编程和加工效率。而在 2 轴和 2.5 轴加工中,为提高效率,应尽量采用端铣刀,由于相同的加工参数,利用球头刀加工会留下较大的残留高度。因此,在保证不发生干涉和工件不被过切的前提下,无论是曲面的粗加工还是精加工,都应优先选择平头刀或 R 刀(带圆角的立铣刀)。不过,由于平头立铣刀和球头刀的加工效果明显不同,当曲面形状复杂时,为了避免干涉,建议使用球头刀,调整好加工参数也可以达到较好的加工效果。

镶硬质合金刀片的端铣刀和立铣刀主要用于加工凸台、凹槽和箱口面。为了提高槽宽的加工精度,减少铣刀的种类,加工时采用直径比槽宽小的铣刀,先铣槽的中间部分,然后再利用刀具半径补偿(或称直径补偿)功能对槽的两边进行铣加工。

对于要求较高的细小部位的加工,可使用整体式硬质合金刀,它可以取得较高的加工精度,但是注意刀具悬升不能太大,否则刀具不但让刀量大,易磨损,而且会有折断的危险。

铣削盘类零件的周边轮廓一般采用立铣刀。所用的立铣刀的刀具半径一定要小于零件内轮廓的最小曲率半径。一般取最小曲率半径的 80%~90% 即可。零件的加工高度(Z 方向的吃刀深度)最好不要超过刀具的半径。若是铣毛坯面时,最好选用硬质合金波纹立铣刀,它在机床、刀具、工件系统允许的情况下,可以进行强力切削。

钻孔时,要先用中心钻或球头刀打中心孔,用以引正钻头。先用较小的钻头钻孔至所需深度 Z,再用较大的钻头进行钻孔,最后用所需的钻头进行加工,以保证孔的精度。在进行较深的孔加工时,特别要注意钻头的冷却和排屑问题,一般利用深孔钻削循环指令 G83 进行编程,可以攻进一段后,钻头快速退出工件进行排屑和冷却,再攻进,再进行冷却和排屑,直至孔深钻削完成。

加工中心机床刀具是一个较复杂的系统,如何根据实际情况进行正确选用,并在 CAM 软件中设定正确的参数,是数控编程人员必须掌握的。只有对加工中心刀具结构和选用有充分的了解和认识,并且不断积累经验,在实际工作中才能灵活运用,提高工作效率和生产效益并保证安全生产。

主要参考文献

何世松,2016.金工实训[M].重庆:重庆大学出版社.
贺泽虎,2015.数控车编程与加工应用实例[M].重庆:重庆大学出版社.
胡友明,郭国庆,2015.普通车削加工[M].重庆:重庆大学出版社.
胡友明,郭国庆,2015.数控铣削加工[M].重庆:重庆大学出版社.
胡仲胜,2015.数控车床编程与操作[M].重庆:重庆大学出版社.
黄新燕,曹春平,2015.机床数控技术及编程[M].北京:人民邮电出版社.
江德龙,2015.钳工加工:汽车模型拼装[M].重庆:重庆大学出版社.
李红梅,刘红华,2019.机械加工工艺与技术研究[M].昆明:云南大学出版社.
李锦,郑伟,吴涛,2018.中文版 UG NX 10.0 技术大全[M].北京:人民邮电出版社.
廖红军,2015.机械基础[M].重庆:重庆大学出版社.
马东晓,2017.金工实习[M].重庆:重庆大学出版社.
庞顺邻,李敏,韩伟,等,2015.机械加工技术基础[M].重庆:重庆大学出版社.
粟廷富,2015.车工工艺与实训[M].重庆:重庆大学出版社.
覃德友,李良雄,2015.机械 CAD[M].重庆:重庆大学出版社.
杨家富,陈美宏,张洪武,等,2019.工程训练[M].南京:东南大学出版社.
尹显明,2017.机械制造工程训练教程(非机械类专业适用)[M].武汉:武汉理工大学出版社.
张奇丽,李豪杰,胡建,2015.数控车削加工[M].重庆:重庆大学出版社.
张远明,2016.金工实习[M].南京:东南大学出版社.
章继涛,田科,刘井才,等,2014.数控技能训练[M].北京:人民邮电出版社.
赵仕民,2015.钳工技能训练[M].重庆:重庆大学出版社.
钟日铭,2013.Mastercam X6 基础教程[M].北京:人民邮电出版社.
周光万,2015.金工实训[M].重庆:重庆大学出版社.